江西水鸟野外识别与科研设计指导

邵明勤　黄志强　钟平华　植毅进　著

高等教育出版社·北京

内容简介

本书是著者在江西省十余年来从事鸟类生态学科研和教学的成果总结。全书包括江西水鸟区系特点、江西水鸟识别、水鸟计数与生态习性观察、江西水鸟野外实习、江西水鸟本科论文指导、江西水鸟硕士论文指导、江西水鸟科研选题、江西水鸟研学与科普、论文写作注意事项——以"水鸟多样性"为例9章，同时附带水鸟生境、生态习性、野外调查和科研设计的相关视频。本书涵盖江西水鸟识别、科研、教学和科普，是一本非常实用且具有参考价值的鸟类学专著。

本书内容翔实，可作为高等师范院校、农林院校、综合性大学生物科学、野生动物与自然保护区管理、林学及相关专业的研究生、科研人员、指导教师的参考用书，也可作为中学生物教师的参考资料，同时可作为观鸟爱好者特别是初学者的工具书。

项目资助

国家自然科学基金（31860611，31560597）

生态环境部生物多样性保护专项和江西省教改课题（JXJG-18-2-35）

图书在版编目（ＣＩＰ）数据

江西水鸟野外识别与科研设计指导 / 邵明勤等著. -- 北京 ：高等教育出版社，2022.1

ISBN 978-7-04-057516-3

Ⅰ．①江… Ⅱ．①邵… Ⅲ．①水生动物-鸟类-野外-识别-研究-江西 Ⅳ．①Q959.708

中国版本图书馆CIP数据核字(2021)第265085号

JIANGXI SHUINIAO YEWAI SHIBIE YU KEYAN SHEJI ZHIDAO

策划编辑 田 红	责任编辑 田 红	封面设计 李卫青	责任印制 刘思涵

出版发行	高等教育出版社	网　址　http://www.hep.edu.cn
社　　址	北京市西城区德外大街4号	http://www.hep.com.cn
邮政编码	100120	网上订购　http://www.hepmall.com.cn
印　　刷	唐山市润丰印务有限公司	http://www.hepmall.com
开　　本	880mm×1230mm 1/32	http://www.hepmall.cn
印　　张	5.75	
字　　数	220千字	版　次　2022年1月第1版
购书热线	010-58581118	印　次　2022年1月第1次印刷
咨询电话	400-810-0598	定　价　32.00元

　　江西省湿地资源丰富，赣江、抚河、信江、饶河、修河等五河水系及其支流与鄱阳湖一道形成了以鄱阳湖为中心的辐射型水系，称鄱阳湖水系，为大量的水鸟提供觅食和休息的场所，是研究水鸟越冬生态的理想场所。鄱阳湖是中国第一大淡水湖泊，每年冬季为数十万水鸟提供良好的越冬场所。鄱阳湖区为江西省省鸟白鹤 *Grus leucogeranus* 约 98% 的全球种群提供了栖息环境，还为其他濒危水鸟如东方白鹳 *Ciconia boyciana*、白头鹤 *Grus monacha*、青头潜鸭 *Aythya baeri* 提供了越冬场所。鄱阳湖区周边的稻田、藕塘、养殖塘等人工生境为大量的林鹬 *Tringa glareola*、金鸻 *Pluvialis fulva* 等鸻鹬类提供了非常重要的觅食场所。这些人工湿地也是国家重点保护水鸟灰鹤 *Grus grus*、白鹤、鸿雁 *Anser cygnoid*、小天鹅 *Cygnus columbianus* 和常见水鸟豆雁 *Anser fabalis* 非常重要的临时觅食场所，特别是近年来鄱阳湖区五星白鹤保护小区的藕塘和余干县康山乡插旗洲的水稻田对白鹤、灰鹤等大型涉禽的保护发挥了重要的作用。可见鄱阳湖区及周边人工生境在全球尺度上对濒危水鸟的保护和水鸟多样性的维持都具有极其重要的意义。五河水系的水鸟分布不如鄱阳湖区集中，一个区域的水鸟集群一般很少超过 200 只，但五河水系为国家Ⅰ级重点保护鸟类中华秋沙鸭 *Mergus squamatus* 约 10% 的全球种群（全球种群数量约 2 000 只）提供栖息场所，同时也是国家Ⅱ级重点保护鸟类鸳鸯 *Aix galericulata* 和常见水鸟绿翅鸭 *Anas crecca*、斑嘴鸭 *Anas zonorhyncha* 等中小型水鸟的重要分布区域。五河水系水鸟密度低，但其流域范围广，总体面积大，水鸟总数量也是相当可观。因此，江西五河水系的水鸟是江西水鸟的重要组成部分。

　　江西水系发达，水资源丰富，水鸟多样性和数量与其他省份相比均具有一定的优势，是水鸟研究与水鸟保护的重要场所。江西省对水鸟的研究与保护高度重视，相继开展了大量的相关研究，发表或出版了大量的相关学术论文和专著。其中，鄱阳湖区水鸟资源集中，种类丰富，开展的相关研究也较多，五河水系水鸟分布较分散，研究有一定的难度，开展的相关研究略显不足。江西也开展了一些水鸟生态习性的研究，但研究仍需进一步深入。本书第一著者自2006年兰州大学鸟类学博士毕业后，一直开展鄱阳湖区及五河水系水鸟的教学与科研工作，研究内容广泛，涉及水鸟多样性、行为时间分配与节律、栖息地选择、集群特征等，研究对象既有国家级重点保护鸟类中华秋沙鸭、白鹤、东方白鹳、灰鹤、鸳鸯、鸿雁、白额雁 *Anser albifrons*、小天鹅、白琵鹭 *Platalea leucorodia* 等，也包括常见水鸟豆雁等，研究地区几乎包含全省主要水系。第一著者收集了大量的水鸟第一手野外资料，发表相关学术论文约90篇，出版专著1部。本书著者在阅读大量文献的基础上，结合多年来实地考察的野外工作数据，撰写了本书，比较全面地反映了江西水鸟野外识别、科研与教学方面的内容，相信本书的出版将对江西及邻近省份水鸟的研究与保护起到推动和示范作用。

全书共9章，由江西师范大学邵明勤、东华理工大学黄志强、江西环境工程职业学院钟平华、江西师范大学植毅进共同撰写。其中第1章由邵明勤、黄志强、植毅进撰写，第2章由邵明勤、黄志强、植毅进、钟平华撰写，第3~9章由邵明勤、黄志强、植毅进撰写。王榄华、张荣峰和周海燕三位老师提供了很多水鸟照片，张荣峰老师还提供了部分视频，在此表示感谢。

由于作者水平有限，书中难免有遗漏或不足之处，诚望读者批评指正（E-mail：1048362673@qq.com）。

著者

2021年8月

第7章　江西水鸟科研选题

第8章　江西水鸟研学与科普

第9章　论文写作注意事项
　　　　——以"水鸟多样性"为例

第 **1** 章 江西水鸟区系特点

1.1 江西水鸟资源

　　水鸟是指在生态上依赖于湿地的鸟类，其整个生活史与湿地紧密相连，是湿地生态系统的重要组成成分，对生态环境的变化有很好的指示作用。按照形态特征和生活习性，水鸟可以分为涉禽和游禽两大类。涉禽有"三长"的特点，即喙长、颈长、腿长。涉禽主要分布在浅水、泥滩、草洲等生境，适应水边生活，但大多数都不会游泳或游泳能力非常有限。个别涉禽，如黑水鸡 *Gallinula chloropus*、白骨顶 *Fulica atra* 等，游泳能力较强，与游禽相当，白骨顶的潜水能力甚至强于大部分游禽。游禽的主要特征是脚向后伸，趾间具蹼，喙呈扁形或钩状，适应于在水中游泳、潜水。一般来说，游禽的双腿位置越偏向身体后部，潜水能力越强，潜水深度越深。

　　依据近年来有关江西水鸟物种统计的文献，结合作者多年来在江西进行鸟类调查的结果，去除部分多年未见的水鸟，如大红鹳 *Phoenicopterus roseus*、丹顶鹤 *Grus japonensis*、彩鹳 *Mycteria leucocephala* 等，本章共统计江西水鸟 8 目 19 科 159 种，其中涉禽 12 科 95 种，游禽 7 科 64 种。居留型方面，冬候鸟 79 种，夏候鸟 26 种，留鸟 6 种，旅鸟 46 种，迷鸟 2 种。区系方面，古北界鸟类 113 种，东洋界鸟类 10 种，广布种 36 种。本次共统计国家 I 级重点保护野生动物 15 种，分别为：青头潜鸭 *Aythya baeri*、中华秋沙鸭 *Mergus squamatus*、白鹤 *Grus leucogeranus*、白枕鹤 *Grus vipio*、白头鹤 *Grus monacha*、小青脚鹬 *Tringa guttifer*、勺嘴鹬 *Calidris pygmeus*、黑嘴鸥 *Saundersilarus saundersi*、遗鸥 *Ichthyaetus relictus*、黑鹳 *Ciconia nigra*、东方白鹳 *Ciconia boyciana*、彩鹮 *Plegadis falcinellus*、黑脸琵鹭 *Platalea minor*、海南鳽 *Gorsachius magnificus*、卷羽鹈鹕 *Pelecanus crispus*。本章共统计国家 II 级重点保护野生动物 30 种（表1-1）。鸟类分类依据《中国鸟类分类与分布名录（第 3 版）》（郑光美，2017）。

表 1-1 江西省水鸟名录及分布

中文名	学名	英文名	保护级别	居留型	区系	鄱阳湖	五河
一、雁形目	**ANSERIFORMES**						
（一）鸭科	**Anatidae**						
1. 栗树鸭	*Dendrocygna javanica*	Lesser Whistling Duck	Ⅱ	夏	东		+
2. 鸿雁	*Anser cygnoid*	Swan Goose	Ⅱ	冬	古	+++	
3. 豆雁	*Anser fabalis*	Bean Goose		冬	古	+++	
4. 灰雁	*Anser anser*	Greylag Goose		冬	古	++	
5. 白额雁	*Anser albifrons*	Greater White-fronted Goose	Ⅱ	冬	古	+++	
6. 小白额雁	*Anser erythropus*	Lesser White-fronted Goose	Ⅱ	冬	古	+	
7. 斑头雁	*Anser indicus*	Bar-headed Goose		冬	古	+	
8. 雪雁	*Anser caerulescens*	Snow Goose		冬	古	+	
9. 白颊黑雁	*Branta leucopsis*	Barnacle Goose		冬	古	+	
10. 红胸黑雁	*Branta ruficollis*	Red-breasted Goose	Ⅱ	冬	古	+	
11. 小天鹅	*Cygnus columbianus*	Tundra Swan	Ⅱ	冬	古	+++	+
12. 大天鹅	*Cygnus cygnus*	Whooper Swan	Ⅱ	冬	古	+	
13. 翘鼻麻鸭	*Tadorna tadorna*	Common Shelduck		冬	古	+	
14. 赤麻鸭	*Tadorna ferruginea*	Ruddy Shelduck		冬	古	++	
15. 鸳鸯	*Aix galericulata*	Mandarin Duck	Ⅱ	冬	古	+	+
16. 棉凫	*Nettapus coromandelianus*	Asian Pygmy Goose	Ⅱ	夏	广	+	
17. 赤膀鸭	*Mareca strepera*	Gadwall		冬	古	+	
18. 罗纹鸭	*Mareca falcata*	Falcated Duck		冬	古	++	
19. 赤颈鸭	*Mareca penelope*	Eurasian Wigeon		冬	古	++	
20. 绿头鸭	*Anas platyrhynchos*	Mallard		冬	古	+++	++
21. 斑嘴鸭	*Anas zonorhyncha*	Eastern Spot-billed Duck		留	广	+++	+++
22. 针尾鸭	*Anas acuta*	Northern Pintail		冬	广	+	+
23. 绿翅鸭	*Anas crecca*	Green-winged Teal		冬	古	+++	+++
24. 琵嘴鸭	*Spatula clypeata*	Northern Shoveler		冬	古	‖	
25. 白眉鸭	*Spatula querquedula*	Garganey		冬	古	+	+
26. 花脸鸭	*Sibirionetta formosa*	Baikal Teal	Ⅱ	冬	古	+	
27. 红头潜鸭	*Aythya ferina*	Common Pochard		冬	古	++	
28. 赤嘴潜鸭	*Netta rufina*	Red-crested Pochard		冬	古	+	

中文名	学名	英文名	保护级别	居留型	区系	鄱阳湖	五河
29. 青头潜鸭	*Aythya baeri*	Baer's Pochard	I	冬	古	+	
30. 白眼潜鸭	*Aythya nyroca*	Ferruginous Duck		旅	古	+	
31. 凤头潜鸭	*Aythya fuligula*	Tufted Duck		冬	古	++	
32. 斑背潜鸭	*Aythya marila*	Greater Scaup		冬	古	+	
33. 斑脸海番鸭	*Melanitta fusca*	Velvet Scoter		冬	古	+	
34. 长尾鸭	*Clangula hyemalis*	Long-tailed Duck		冬	古	+	
35. 鹊鸭	*Bucephala clangula*	Common Goldeneye		冬	古	+	
36. 斑头秋沙鸭	*Mergellus albellus*	Smew	II	冬	古	+	
37. 普通秋沙鸭	*Mergus merganser*	Common Merganser		冬	古	+	+
38. 红胸秋沙鸭	*Mergus serrator*	Red-breasted Merganser		冬	古	+	
39. 中华秋沙鸭	*Mergus squamatus*	Scaly-sided Merganser	I	冬	古	+	+
二、鸊鷉目	**PODICIPEDIFORMES**						
（二）鸊鷉科	**Podicipedidae**						
40. 小鸊鷉	*Tachybaptus ruficollis*	Little Grebe		留	广	+++	+++
41. 赤颈鸊鷉	*Podiceps grisegena*	Red-necked Grebe	II	冬	古	+	
42. 凤头鸊鷉	*Podiceps cristatus*	Great Crested Grebe		冬	古	+++	+
43. 角鸊鷉	*Podiceps auritus*	Horned Grebe	II	冬	古		
44. 黑颈鸊鷉	*Podiceps nigricollis*	Black-necked Grebe	II	冬	古	+	+
三、鹤形目	**GRUIFORMES**						
（三）秧鸡科	**Rallidae**						
45. 花田鸡	*Coturnicops exquisitus*	Swinhoe's Rail	II	旅	古	+	
46. 白喉斑秧鸡	*Rallina eurizonoides*	Slaty-legged Crake		夏	东		
47. 灰胸秧鸡	*Lewinia striata*	Slaty-breasted Banded Rail		夏	东	+	
48. 普通秧鸡	*Rallus indicus*	Brown-cheeked Rail		冬	古	+	+
49. 红脚田鸡	*Zapornia akool*	Brown Crake		留	东	++	++
50. 小田鸡	*Zapornia pusilla*	Baillon's Crake		旅	广	+	
51. 红胸田鸡	*Zapornia fusca*	Ruddy-breasted Crake		夏	广	+	
52. 斑胁田鸡	*Zapornia paykullii*	Band-bellied Crake	II	旅	古	+	
53. 白胸苦恶鸟	*Amaurornis phoenicurus*	White-breasted Waterhen		夏	东	+	+
54. 董鸡	*Gallicrex cinerea*	Watercock		夏	东	+	+

续表

中文名	学名	英文名	保护级别	居留型	区系	鄱阳湖	五河
55. 紫水鸡	*Porphyrio porphyrio*	Purple Swamphen	II	留	广	+	+
56. 黑水鸡	*Gallinula chloropus*	Common Moorhen		留	广	+++	+++
57. 白骨顶	*Fulica atra*	Common Coot		冬	广	+++	+
（四）鹤科	**Gruidae**						
58. 白鹤	*Grus leucogeranus*	Siberian Crane	I	冬	古	+++	
59. 白枕鹤	*Grus vipio*	White-naped Crane	I	冬	古	+	
60. 灰鹤	*Grus grus*	Common Crane	II	冬	古	+++	
61. 白头鹤	*Grus monacha*	Hooded Crane	I	冬	古	+	
四、鸻形目	**CHARADRIIFORMES**						
（五）蛎鹬科	**Haematopodidae**						
62. 蛎鹬	*Haematopus ostralegus*	Eurasian Oystercatcher		旅	广	+	
（六）反嘴鹬科	**Recurvirostridae**						
63. 黑翅长脚鹬	*Himantopus himantopus*	Black-winged Stilt		旅	广	+	
64. 反嘴鹬	*Recurvirostra avosetta*	Pied Avocet		冬	古	+++	+
（七）鸻科	**Charadriidae**						
65. 凤头麦鸡	*Vanellus vanellus*	Northern Lapwing		冬	古	+++	+
66. 灰头麦鸡	*Vanellus cinereus*	Grey-headed Lapwing		夏	古	++	++
67. 金鸻	*Pluvialis fulva*	Pacific Golden Plover		旅	古	++	+
68. 灰鸻	*Pluvialis squatarola*	Grey Plover		旅	古	+	
69. 剑鸻	*Charadrius hiaticula*	Common Ringed Plover		旅	古	+	
70. 长嘴剑鸻	*Charadrius placidus*	Long-billed Plover		旅	古	+	++
71. 金眶鸻	*Charadrius dubius*	Little Ringed Plover		旅	广	+	+
72. 环颈鸻	*Charadrius alexandrinus*	Kentish Plover		旅	广	++	+
73. 蒙古沙鸻	*Charadrius mongolus*	Lesser Sand Plover		旅	古	+	
74. 铁嘴沙鸻	*Charadrius leschenaultii*	Greater Sand Plover		旅	古	+	
75. 东方鸻	*Charadrius veredus*	Oriental Plover		旅	古	+	
（八）彩鹬科	**Rostratulidae**						
76. 彩鹬	*Rostratula benghalensis*	Greater Painted Snipe		留	广	+	
（九）水雉科	**Jacanidae**						
77. 水雉	*Hydrophasianus chirurgus*	Pheasant-tailed Jacana	II	夏	东	+	

中文名	学名	英文名	保护级别	居留型	区系	鄱阳湖	五河
（十）鹬科	**Scolopacidae**						
78. 丘鹬	*Scolopax rusticola*	Eurasian Woodcock		冬	古	+	+
79. 姬鹬	*Lymnocryptes minimus*	Jack Snipe		旅	古	+	
80. 孤沙锥	*Gallinago solitaria*	Solitary Snipe		冬	古	+	
81. 针尾沙锥	*Gallinago stenura*	Pintail Snipe		旅	古	++	
82. 大沙锥	*Gallinago megala*	Swinhoe's Snipe		旅	古		
83. 扇尾沙锥	*Gallinago gallinago*	Common Snipe		冬	古	++	++
84. 长嘴半蹼鹬	*Limnodromus scolopaceus*	Long-billed Dowitcher		旅	古	+	
85. 半蹼鹬	*Limnodromus semipalmatus*	Asian Dowitcher	II	旅	古	+	
86. 黑尾塍鹬	*Limosa limosa*	Black-tailed Godwit		冬	古	++	
87. 斑尾塍鹬	*Limosa lapponica*	Bar-tailed Godwit		旅	古	+	
88. 小杓鹬	*Numenius minutus*	Little Curlew	II	旅	古	+	
89. 中杓鹬	*Numenius phaeopus*	Whimbrel		旅	古	+	
90. 白腰杓鹬	*Numenius arquata*	Eurasian Curlew	II	冬	古	+	
91. 大杓鹬	*Numenius madagascariensis*	Eastern Curlew	II	旅	古	+	
92. 鹤鹬	*Tringa erythropus*	Spotted Redshank		冬	古	+++	++
93. 红脚鹬	*Tringa totanus*	Common Redshank		冬	古	+	
94. 泽鹬	*Tringa stagnatilis*	Marsh Sandpiper		冬	古	+	+
95. 青脚鹬	*Tringa nebularia*	Common Greenshank		冬	古	+++	++
96. 小青脚鹬	*Tringa guttifer*	Nordmann's Greenshank	I	冬	古	+	
97. 白腰草鹬	*Tringa ochropus*	Green Sandpiper		冬	古	+	++
98. 林鹬	*Tringa glareola*	Wood Sandpiper		旅	古	+++	+
99. 灰尾漂鹬	*Tringa brevipes*	Grey-tailed Tattler		旅	古	+	
100. 翘嘴鹬	*Xenus cinereus*	Terek Sandpiper		冬	古	+	
101. 矶鹬	*Actitis hypoleucos*	Common Sandpiper		冬	古	+	+
102. 翻石鹬	*Arenaria interpres*	Ruddy Turnstone	II	旅	古	I	
103. 大滨鹬	*Calidris tenuirostris*	Great Knot	II	旅	古	+	
104. 红腹滨鹬	*Calidris canutus*	Red Knot		旅	古	+	
105. 三趾滨鹬	*Calidris alba*	Sanderling		旅	古	+	
106. 红颈滨鹬	*Calidris ruficollis*	Red-necked Stint		旅	古	+	

中文名	学名	英文名	保护级别	居留型	区系	鄱阳湖	五河
107. 勺嘴鹬	*Calidris pygmeus*	Spoon-billed Sandpiper	Ⅰ	旅	古	+	
108. 小滨鹬	*Calidris minuta*	Little Stint		旅	古	+	
109. 青脚滨鹬	*Calidris temminckii*	Temminck's Stint		旅	古	+	
110. 长趾滨鹬	*Calidris subminuta*	Long-toed Stint		旅	古	+	
111. 尖尾滨鹬	*Calidris acuminata*	Sharp-tailed Sandpiper		旅	古	+	
112. 阔嘴鹬	*Calidris falcinellus*	Broad-billed Sandpiper	Ⅱ	旅	古	+	
113. 流苏鹬	*Calidris pugnax*	Ruff		旅	古	+	
114. 弯嘴滨鹬	*Calidris ferruginea*	Curlew Sandpiper		旅	古	+	
115. 黑腹滨鹬	*Calidris alpina*	Dunlin		冬	古	++	
116. 红颈瓣蹼鹬	*Phalaropus lobatus*	Red-necked Phalarope		旅	古	+	+
（十一）燕鸻科	**Glareolidae**						
117. 普通燕鸻	*Glareola maldivarum*	Oriental Pratincole		夏	广	+	
（十二）鸥科	**Laridae**						
118. 红嘴鸥	*Chroicocephalus ridibundus*	Black-headed Gull		冬	古	+++	
119. 黑嘴鸥	*Saundersilarus saundersi*	Saunders's Gull	Ⅰ	冬	古	+	
120. 遗鸥	*Ichthyaetus relictus*	Relict Gull	Ⅰ	冬	古	+	
121. 渔鸥	*Ichthyaetus ichthyaetus*	Pallas's Gull		旅	古	+	
122. 黑尾鸥	*Larus crassirostris*	Black-tailed Gull		夏	古	+	
123. 普通海鸥	*Larus canus*	Mew Gull		冬	古	+	+
124. 小黑背银鸥	*Larus fuscus*	Lesser Black-backed Gull		冬	古	+	
125. 西伯利亚银鸥	*Larus smithsonianus*	Siberian Gull		冬	古	+	
126. 黄腿银鸥	*Larus cachinnans*	Caspian Gull		冬	古	+	
127. 灰背鸥	*Larus schistisagus*	Slaty-backed Gull		冬	古	+	
128. 鸥嘴噪鸥	*Gelochelidon nilotica*	Gull-billed Tern		旅	古	+	
129. 红嘴巨燕鸥	*Hydroprogne caspia*	Caspian Tern		冬	广	+	
130. 白额燕鸥	*Sternula albifrons*	Little Tern		夏	广	+	+
131. 普通燕鸥	*Sterna hirundo*	Common Tern		夏	古	+	+
132. 灰翅浮鸥	*Chlidonias hybrida*	Whiskered Tern		夏	广	+++	+
133. 白翅浮鸥	*Chlidonias leucopterus*	White-winged Tern		旅	古	+	

中文名	学名	英文名	保护级别	居留型	区系	鄱阳湖	五河
五、鹱形目	**PROCELLARIIFORMES**						
（十三）鹱科	**Procellariidae**						
134. 白额鹱	*Calonectris leucomelas*	Streaked Shearwater		旅	广	+	
六、鹳形目	**CICONIIFORMES**						
（十四）鹳科	**Ciconiidae**						
135. 黑鹳	*Ciconia nigra*	Black Stork	I	冬	古	+	
136. 东方白鹳	*Ciconia boyciana*	Oriental Stork	I	冬	古	++	
七、鲣鸟目	**SULIFORMES**						
（十五）军舰鸟科	**Fregatidae**						
137. 白斑军舰鸟	*Fregata ariel*	Lesser Frigatebird	II	迷	广		+
（十六）鸬鹚科	**Phalacrocoracidae**						
138. 普通鸬鹚	*Phalacrocorax carbo*	Great Cormorant		冬	广	+++	+
八、鹈形目	**PELECANIFORMES**						
（十七）鹮科	**Threskiornithidae**						
139. 彩鹮	*Plegadis falcinellus*	Glossy Ibis	I	迷	广	+	
140. 白琵鹭	*Platalea leucorodia*	Eurasian Spoonbill	II	冬	古	+++	+
141. 黑脸琵鹭	*Platalea minor*	Black-faced Spoonbill	I	冬	广	+	
（十八）鹭科	**Ardeidae**						
142. 大麻鳽	*Botaurus stellaris*	Eurasian Bittern		冬	广	+	
143. 黄斑苇鳽	*Ixobrychus sinensis*	Yellow Bittern		夏	广	+	+
144. 紫背苇鳽	*Ixobrychus eurhythmus*	Von Schrenck's Bittern		夏	古	+	+
145. 栗苇鳽	*Ixobrychus cinnamomeus*	Cinnamon Bittern		夏	广	+	+
146. 黑苇鳽	*Ixobrychus flavicollis*	Black Bittern		夏	广	+	+
147. 海南鳽	*Gorsachius magnificus*	White-eared Night Heron	I	夏	东		+
148. 栗头鳽	*Gorsachius goisagi*	Japanese Night Heron	II	旅	广	+	+
149. 夜鹭	*Nycticorax nycticorax*	Black-crowned Night Heron		夏	广	++	++
150. 绿鹭	*Butorides striata*	Striated Heron		夏	广	+	+
151. 池鹭	*Ardeola bacchus*	Chinese Pond Heron		夏	广	+++	+++
152. 牛背鹭	*Bubulcus ibis*	Cattle Egret		夏	广	+++	+++

中文名	学名	英文名	保护级别	居留型	区系	鄱阳湖	五河
153. 苍鹭	*Ardea cinerea*	Grey Heron		冬	广	+++	+
154. 草鹭	*Ardea purpurea*	Purple Heron		夏	广	+	
155. 大白鹭	*Ardea alba*	Great Egret		冬	广	++	+
156. 中白鹭	*Ardea intermedia*	Intermediate Egret		夏	东	++	++
157. 白鹭	*Egretta garzetta*	Little Egret		夏	东	+++	+++
158. 岩鹭	*Egretta sacra*	Pacific Reef Heron	Ⅱ	旅	广	+	+
（十九）鹈鹕科 **Pelecanidae**							
159. 卷羽鹈鹕	*Pelecanus crispus*	Dalmatian Pelican	Ⅰ	冬	古	+	

保护级别——Ⅰ：国家Ⅰ级重点保护野生动物；Ⅱ：国家Ⅱ级重点保护野生动物。
居 留 型——冬：冬候鸟；夏：夏候鸟；留：留鸟；旅：旅鸟；迷：迷鸟。
区　　系——古：古北界；东：东洋界；广：广布种。
遇 见 率——+：罕见；++：常见；+++：特定时期（越冬期、停息期等）和生境（如湖泊、河道等）遇见率极高，几乎每次野外调查都有记录。

1.2 江西水鸟的生态类群和取食方式

1.2.1 涉禽的主要类群和取食方式

　　江西涉禽的主要类群包括秧鸡类、鹤类、鸻鹬类、鹳类、琵鹭类、鹭类等生态类群。各类涉禽的取食方式差异较大，涉禽取食策略通常分为视觉取食、触觉取食和混合取食（交替使用视觉和触觉取食）三类，取食方式主要分探取 、拾取、扫取等几种。不同物种采取不同的取食方式，同一物种的取食方式也会根据环境的变化作出相应的调整。

　　本书共收录秧鸡类1科10属13种。秧鸡类常见种类有红脚田鸡 *Zapornia akool*、黑水鸡和白骨顶等。其中，红脚田鸡主要依靠视觉在隐蔽的泥滩或水沟边取食，警觉性较高。黑水鸡分布较为广泛，池塘、湖泊、河道、藕塘等水生植被丰富的区域均较为常见，主要在植被上拾取食物或水中表面取食，有时也偶见潜水取食。白骨顶更偏爱深水区潜水取食，虽然形态特征属于涉禽，但其行为特征更像游禽，鄱阳湖区冬季白骨顶数量大，分布广，常集大群。

　　本书共收录鹤类1科1属4种。即白鹤、灰鹤 *Grus grus*、白枕鹤、白头鹤4种，均主要分布在鄱阳湖区的草洲、稻田、浅水或藕塘。其中，灰鹤为国家Ⅱ级重点保护鸟类，其他均为国家Ⅰ级重点保护鸟类。所有鹤类主要在草洲或稻田中拾取食物，有时也在浅水中探取或拾取食物。灰鹤是 4 中鹤类中分布最广、数量最大的物种，迁徙早期主要在草洲觅食，中后期主要在稻田中集群觅食。白鹤分布较分散，近年来分布在藕塘、稻田等人工生境的种群较多，有时甚至超过全球种群数量的四分之一。白枕鹤和白头鹤分布区窄，遇见率相对较低。

本书共收录鸻鹬类 7 科 20 属 56 种，鸻鹬类是江西种类最多的涉禽。集大群的鸻鹬类包括反嘴鹬 *Recurvirostra avosetta*、鹤鹬 *Tringa erythropus*、黑尾塍鹬 *Limosa limosa*、黑腹滨鹬 *Calidris alpina*，其中反嘴鹬和鹤鹬分布广，数量大，遇见率极高，另两种鹬有一定的种群数量，但遇见率不高，每次遇见的数量一般较大，大都由数百只甚至数千只的鹬组成大群。此外，灰头麦鸡 *Vanellus cinereus*、凤头麦鸡 *Vanellus vanellus*、青脚鹬 *Tringa nebularia*、环颈鸻 *Charadrius alexandrinus* 和金鸻 *Pluvialis fulva* 等也较为常见。鸻鹬类的取食方式多样，栖息环境大都类似，主要为浅水和泥滩，它们会根据环境（生境、水深）的变化灵活改变其取食方式。环颈鸻、金眶鸻 *Charadrius dubius* 等采取奔停式拾取食物，大部分在视野开阔的泥滩上靠视觉来觅食，这些鸟类的生境相对有限，除环颈鸻外，江西其他鸻的种群数量相对较少；青脚鹬、鹤鹬可以在浅水处依靠视觉或触觉来拾取和探取食物，鹤鹬有时也在相对较深的水域进行翻身探取食物。反嘴鹬则在相对较深的水域扫取食物。扇尾沙锥 *Gallinago gallinago* 主要靠触觉在泥滩或浅水处探取食物。

本书共收录鹳类 1 科 1 属 2 种。鹳类包括东方白鹳和黑鹳。东方白鹳在鄱阳湖区的栖息区域相对固定，分布也相对分散，需要大片的具一定水深的浅水区域供其觅食鱼类等动物性食物。东方白鹳常集大群觅食，可能因为其适宜生境面积较小，只能集中在某些区域。黑鹳遇见率极低，分布更为分散，每次群体大都为 10 只左右，很少遇见 20 只以上的群体。鹳类在浅水中探取或拾取食物。

本书共收录琵鹭类 1 科 1 属 2 种。主要物种是白琵鹭 *Platalea leucorodia*，为国家 II 级重点保护鸟类，是鄱阳湖区常见的水鸟，分布广，种群数量大。主要取食湖区浅水区的水生生物。常集大群在大片的湖区浅水处觅食，琵鹭类取食方式与反嘴鹬类似，以边走边扫的取食方式获得食物。

本书共收录鹭类 1 科 9 属 17 种。常见的鹭类包括白鹭 *Egretta garzetta*、中白鹭 *Ardea intermedia*、大白鹭 *Ardea alba*、夜鹭 *Nycticorax nycticorax*、苍鹭 *Ardea cinerea*、牛背鹭 *Bubulcus ibis* 等。鹭类栖息生境广泛，它们是湖区、河道、水田、池塘等多种生境的常见鸟。大多鹭类以鱼、虾、蟹、蛙、昆虫等动物性食物为食，除夜鹭通常在太阳下山后觅食外，其余物种均主要白天觅食。大部分牛背鹭更偏爱与牛一起觅食，有时站在牛背上。鹭类一般在浅水中啄取食物。

1.2.2 游禽的主要类群和取食方式

江西游禽主要包括雁鸭类、䴙䴘类、鸥类、鸬鹚类等生态类群。大部分游禽都可以运用多种取食方式觅食。游禽的取食方式主要包括表面取食、头部浸入水中取食、头颈浸入水中取食、翻身取食和潜水取食5种。如天鹅类、雁在浅水处可以进行表面取食、头部浸入水中取食、头颈浸入水中取食和翻身取食。中华秋沙鸭大都以头部浸入水中和潜水取食为主，但也可以表面取食，甚至在浅水处进行频繁的翻身取食。潜鸭类、䴙䴘类和鸬鹚类则以潜水取食为主。鸥类取食方式独特，一般是飞行于水体上或在浅水中觅食。

本书共收录雁鸭类1科17属39种。雁鸭类是江西省游禽种类和数量最多的生态类类群，其中国家Ⅰ级重点保护鸟类2种：青头潜鸭和中华秋沙鸭；国家Ⅱ级重点保护鸟类11种。常见的雁鸭类包括鸿雁 *Anser cygnoid*、豆雁 *Anser fabalis*、灰雁 *Anser anser*、白额雁 *Anser albifrons*、小天鹅 *Cygnus columbianus*、斑嘴鸭 *Anas zonorhyncha*、绿翅鸭 *Anas crecca*、绿头鸭 *Anas platyrhynchos* 等。大部分雁鸭类都主要分布在鄱阳湖区，个别物种如中华秋沙鸭、鸳鸯 *Aix galericulata* 等则更偏爱或几乎都分布在五河水系。其中，天鹅和雁类偏爱浅水和草洲生境，其他大部分中小型鸭类偏爱浅水区域，潜鸭则偏爱较深的水域环境。雁鸭类种类多，取食方式和偏爱的生境多样，对环境变化的适应能力相对较强，是鄱阳湖区数量最为稳定的一个水鸟类群，也是最容易成为优势种的一个类群。雁鸭类食谱较广，天鹅类、雁类以水生植物的根茎为食，秋沙鸭类大都以鱼类、虾、软体动物、水生昆虫等动物性食物为主要食物，其他鸭类大都为杂食性，既吃水生植物，也取食软体动物、鱼类、虾等动物性食物。

本书共收录䴙䴘类1科2属5种。其中，国家Ⅱ级重点保护鸟类3种：赤颈䴙䴘 *Podiceps grisegena*、角䴙䴘 *Podiceps auritus* 和黑颈䴙䴘 *Podiceps nigricollis*。常见种类包括小䴙䴘 *Tachybaptus ruficollis* 和凤头䴙䴘 *Podiceps cristatus*。小䴙䴘分布最为广泛，对环境要求较低，河道、湖泊、池塘甚至小型的人工湖泊（如校园内的小型人工湖泊）均能发现该物种。凤头䴙䴘对生境要求相对较高，主要分布在湖泊、水库等有一定水体面积的区域，一般河道、小型池塘中均无该物种分布。䴙䴘类主要在深水区取食鱼类、甲壳类等动物性食物。

本书共收录鸥类1科8属16种。其中，国家Ⅰ级重点保护鸟类2种：

黑嘴鸥和遗鸥。最常见的是红嘴鸥 *Chroicocephalus ridibundus* 和灰翅浮鸥 *Chlidonias hybrida*。这两种鸥类主要分布在鄱阳湖区，偏爱浅水区域，有时还在湖区露出的浅滩上集大群休息。鸥类主要在浅水区取食鱼类、甲壳类等动物性食物。

本书共收录鸬鹚类 1 科 1 属 1 种即普通鸬鹚 *Phalacrocorax carbo*，它们常数百甚至上千只个体集群在湖区觅食和休息。普通鸬鹚偏爱深水区域，但它们取食后常在湖中浅滩或岸边休息，因此具有一定浅滩面积的湖区会有更多的普通鸬鹚。鸬鹚类主要在深水区取食鱼类。

1.3 不同生境水鸟的分布

湖泊 江西省湖泊面积大，分布广，以鄱阳湖最为著名。鄱阳湖食物资源非常丰富，每年越冬水鸟大量聚集在湖区的某些区域，单筒望远镜环视一周发现数千或上万只水鸟的情况并不少见。由于湖区某些区域食物资源极其丰富，且可以与外界进行物质交换，面积不大的一些湖区甚至可以容纳数千乃至近万只水鸟聚集，有时可以维持数月。湖泊中国家重点保护鸟类有白鹤、灰鹤、白琵鹭、小天鹅、鸿雁等；其他常见或优势的水鸟有豆雁、斑嘴鸭、绿翅鸭、小䴙䴘、凤头䴙䴘、红嘴鸥、灰翅浮鸥、白鹭、苍鹭、黑水鸡、白骨顶、鹤鹬、反嘴鹬、青脚鹬等。

河道 江西河道主要包括五河及其各级支流构成的水系，河道单位面积的食物资源相对较少，因此河道鸟类分布比较分散。河道中国家重点保护鸟类有中华秋沙鸭、鸳鸯等；其他常见或优势的水鸟有斑嘴鸭、绿翅鸭、绿头鸭、白鹭、白腰草鹬 *Tringa ochropus* 等。五河水系水鸟密度低，种类和数量也少，但五河水系的总面积极大，因此整个五河水系的水鸟总数量也极其可观，是江西水鸟重要的组成部分。

人工生境 江西人工生境主要包括水稻田、藕塘、水库、养殖塘等，人工生境较少作为水鸟长久的栖息地，主要为水鸟提供临时的食物资源和休息地。人工生境中稻田、藕塘、养殖塘鸟类分布较多。人工生境中国家重点保护鸟类有白鹤、灰鹤、小天鹅、鸿雁等，其他常见或优势水鸟有白鹭、池鹭 *Ardeola bacchus*、牛背鹭、扇尾沙锥、林鹬 *Tringa glareola*、鹤鹬等。

1.4 不同生境对江西水鸟的作用

湖泊是江西省容纳水鸟种类和数量最多的生境，鄱阳湖是越冬候鸟和过路鸟的重要栖息地和中转站。江西湖泊鸟类资源丰富，尤以冬季水鸟资源更为突出，水鸟包括濒危水鸟的种类、数量相当可观，是众多水鸟栖息的理想场所。江西省河流面积大、范围广，虽然不如湖泊中鸟类密度大，但其广大的流域面积为诸多水鸟提供了良好的栖息环境。某些支流较为隐蔽，干扰小，环境状况良好，是以中华秋沙鸭和鸳鸯为典型代表的珍稀濒危物种重要或几乎唯一的栖息地。中华秋沙鸭和鸳鸯很少栖息于湖泊，河道也几乎是它们唯一的保护场地。因此，河道中的水鸟是江西水鸟非常重要的一部分，对江西湿地鸟类多样性的维持起到不可替代的作用。

人工湿地特别是鄱阳湖区周边的水田是诸多水鸟的中转站、临时觅食和休息地。这些水田、养殖塘重点为迁徙期水鸟提供充足的食物，迁徙期人工生境一般较自然生境容纳更多的水鸟觅食，对水鸟顺利越冬和过境有重要意义。比如，水稻种植初期和收割初期，大量的金鸻、林鹬等鸻鹬类都在稻田中集群觅食，停留时间较长，该时期稻田中的鸻鹬类种类和个体数量远高于湖区的鸻鹬类，一般金鸻更偏向于选择鄱阳湖区周边的水田，林鹬对水田周边的环境要求相对较低。另外，近年来大量的白鹤集中在人工藕田或稻田中觅食，国家Ⅱ级重点保护鸟类灰鹤一般在越冬中后期都偏爱集大群在稻田中补充能量，停留时间达数月，有时灰鹤还成为稻田中水鸟的优势种。另外大量的鸿雁、豆雁、白额雁和少量的天鹅也常在鄱阳湖区周边的稻田或藕塘中觅食，但因其数量较大，食量需求大，它们一般在稻田中的停留时间较短，种群也不稳定。因此稻田对雁鸭类的作用相对较小，但也是其非常重要的临时觅食地，可作为自然生境重要的辅助觅食生境。

江西水鸟的典型生境介绍

江西鄱阳湖国家级自然保护区　　五星白鹤保护小区藕塘生境　　五星垦殖场　　共青城湿地　　康山垦殖场

第2章

江西常见水鸟识别

　　水鸟野外识别主要依据它们的形态特征（体型大小、喙形、羽色、尾长、腿长）和生态习性（鸣声、飞行或停息姿势、常栖息的生境、取食方式）综合判定。下面主要介绍江西省 7 目 15 科 70 种水鸟，分别从野外识别及其在江西的偏爱生境、主要分布区和习性进行描述。鸟类的分类依据《中国鸟类分类与分布名录（第 3 版）》（郑光美，2017）；鸟类形态特征主要参考《中国鸟类志》（赵正阶，2001）、《中国鸟类野外手册》（马敬能等，2000）、《江西水鸟多样性与越冬生态研究》（邵明勤和植毅进，2019）和野外实地考察。

中文名索引

学名索引

英文名索引

雁形目属于典型的游禽，体型为大型或中型，仅包括鸭科1科。喙宽扁状，喙端具嘴甲。脚具蹼，擅长游泳。江西雁形目鸟类主要包括天鹅类、雁类等大型鸟类、戏水鸭类（斑嘴鸭、绿头鸭、绿翅鸭等）和潜鸭类等中型鸟类。大部分雁形目鸟类更偏爱湖泊生境，中华秋沙鸭、鸳鸯等则更偏爱河道生境，少部分物种（斑嘴鸭、绿翅鸭）在湖泊和河道均有大量分布。雁形目鸟类的取食方式有表面取食、头部浸入水中取食、头颈浸入水中取食、翻身取食和潜水取食5种。有些种类以植物性食物为主，如天鹅类、雁类等主要取食湖区水生植物；有些种类以动物性食物为主，如各种秋沙鸭主要取食鱼类；赤麻鸭、鸳鸯等则动物性、植物性的食物组成都占一定比例，属于杂食性鸟类。雁形目中常成为当地优势种的水鸟有鸿雁、豆雁、白额雁、小天鹅、斑嘴鸭；常见种有绿翅鸭、灰雁、赤颈鸭、绿头鸭、凤头潜鸭、红头潜鸭、赤麻鸭；罗纹鸭、针尾鸭、琵嘴鸭遇见率较低；青头潜鸭、鸳鸯、中华秋沙鸭、斑头雁、翘鼻麻鸭、棉凫、大天鹅、白眉鸭、普通秋沙鸭、斑头秋沙鸭的遇见率极低。其他物种非常罕见。

江西常见野鸭介绍　江西常见大雁与天鹅介绍

鸿雁 | Swan Goose
Anser cygnoid 冬

鸭科 Anatidae

- **识别特征**：大型鸭科鸟类，是家鹅的祖先。喙黑，喙的基部有一白线。后颈色深，前颈偏白，形成鲜明的对比。
- **生境**：湖泊、稻田。
- **分布**：鄱阳湖。
- **习性**：鸿雁主要分布在鄱阳湖的草洲、浅水、泥滩等生境，偶见集大群在稻田中觅食，稻田中的停留时间较短。多集大群（常见 200～2 000 只不等的群体），在鄱阳湖区的草洲取食植物根茎，或在稻田中取食谷物。鸿雁也可以在浅水处以头颈浸入水中、表面取食等多种方式取食湖区水生植物。鄱阳湖区遇见率极高，常成为当地的优势种。

张荣峰 / 摄于鄱阳湖

周海燕 / 摄于鄱阳湖

豆雁 | Bean Goose *Anser fabalis* 冬

鸭科 Anatidae

- **识别特征：** 大型鸭科鸟类，喙黑色杂一黄色斑点，整个头颈部偏黑灰色，颜色较深，颈下色浅，休息时以喙插入翅中。
- **生境：** 湖泊、农田。
- **分布：** 鄱阳湖。
- **习性：** 豆雁主要分布在鄱阳湖的草洲、浅水、泥滩等生境，偶见集大群（常见200～2 000只不等的群体），在稻田中觅食，稻田中的停留时间较短。与鸿雁习性类似，常与鸿雁、灰雁、白额雁混群。豆雁多集大群在草洲取食植物根茎，或在稻田中取食谷物。豆雁也可以在浅水处以头颈浸入水中、表面取食等多种方式取食湖区水生植物。鄱阳湖区遇见率极高，是鄱阳湖区比较稳定的优势种。

王榄华 / 摄于鄱阳湖

王榄华 / 摄于鄱阳湖

张荣峰 / 摄于鄱阳湖

灰雁 | Greylag Goose
Anser anser 冬

鸭科 Anatidae

● **识别特征**：大型鸭科鸟类，喙和腿部均粉红色，整个身体特别是前颈和腹部偏灰色，较白额雁颜色淡。

● **生境**：湖泊。

● **分布**：鄱阳湖。

● **习性**：灰雁主要分布于鄱阳湖区的草洲、浅水、泥滩等生境，偶见集小群在藕塘和稻田中觅食。与鸿雁习性类似，常与豆雁、鸿雁混群。灰雁多集大群（常见200~800只不等的群体），在草洲取食植物根茎，或在藕塘中取食植物根茎。灰雁也可以在浅水处以头颈浸入水中、表面取食等多种方式取食湖区的水生植物。鄱阳湖区遇见率较鸿雁、豆雁低，也少见数千只的群体。

王榄华 / 摄于鄱阳湖

王榄华 / 摄于鄱阳湖

白额雁 | Greater White-fronted Goose
Anser albifrons 冬 鸭科 Anatidae

● **识别特征**：大型鸭科鸟类，额白斑较圆，喙和腿部均橙黄色。腹部具大块黑斑。部分个体额部白色不明显，易与灰雁混淆，主要识别特点为其上体色深而非灰色，喙和腿部颜色偏黄。

● **生境**：湖泊、稻田。

● **分布**：鄱阳湖。

● **习性**：白额雁主要分布于鄱阳湖区的草洲、浅水、泥滩等生境，偶见集小群在藕塘和稻田中觅食。与鸿雁习性类似，常与豆雁、鸿雁混群。白额雁多集大群（常见 200～2 000 只不等的群体），在草洲取食植物根茎，或集小群在藕塘中取食植物根茎。白额雁也可以在浅水处以头颈浸入水中、表面取食等多种方式取食湖区的水生植物。鄱阳湖区遇见率极高，常成为优势种。

王榄华 / 摄于鄱阳湖

小天鹅 | Tundra Swan
Cygnus columbianus 冬

鸭科 Anatidae

● **识别特征**：大型鸭科鸟类，通体白色，喙下段黑色，上段黄色，喙的黄色基部较大天鹅小。幼鸟整体偏灰白色。

● **生境**：湖泊。

● **分布**：鄱阳湖和五河水系。

● **习性**：小天鹅主要分布在鄱阳湖区的草洲、浅水、泥滩等生境，偶见于藕塘和稻田。小天鹅常单独成群（常见 50～1 000 只不等的群体），也与其他雁类混群。多集大群在草洲取食植物根茎，或在藕塘中取食植物根茎，或在浅水处以头颈浸入水中、表面取食等多种取食方式来取食底泥中的植物。五河水系也有少量小天鹅个体分布。鄱阳湖区遇见率极高，常成为当地的优势种。

视频

张荣峰 / 摄于鄱阳湖

周海燕 / 摄于鄱阳湖

周海燕 / 摄于鄱阳湖

鸳鸯 | Mandarin Duck *Aix galericulata* 冬

鸭科 Anatidae

● **识别特征**：中型鸭科鸟类。雄性具粗大的白色眉纹和"帆状饰羽"，通体颜色艳丽，但在河道中并不易发现。雌性个体眼后具明显的细长白线，通体灰色。

● **生境**：河道。

● **分布**：五河水系。

● **习性**：鸳鸯多成对或集小群（10~30只）在具有浅滩或河中心有小岛的河道中取食。一般要求河道至少一侧有阔叶林等植被作为隐蔽场所，有一定流速和水生植物丰富的河道中更易发现。鸳鸯在河道中以头颈浸入水中、表面取食、翻身取食等多种方式取食水生植物、昆虫。受惊后边飞边叫，飞行时离水面相对较高。鸳鸯有时也到河岸及河道附近的水田中取食植物茎叶、种子等。五河水系鸳鸯的种群数量较少，整体遇见率也极低。

钟平华 / 摄于婺源

钟平华 / 摄于婺源

斑嘴鸭 | Eastern Spot-billed Duck
Anas zonorhyncha 留

鸭科 Anatidae

● **识别特征：**中型鸭科鸟类。通体灰色，与水体颜色接近。喙远端具明显的黄色斑点，白色眉纹明显，脸整体较其他鸭科鸟类色淡。距离较远时，一般不能看清其喙端黄色斑点，主要靠其尾部和翼端之间的白点区分。

● **生境：**各类湿地生境。

● **分布：**全省各地均有分布。

● **习性：**斑嘴鸭广泛分布于全省各类自然湿地生境，也常见于稻田、池塘、藕塘中。鄱阳湖区多集小群（10~30只）或大群（100~500只）活动，很少有超过500只的斑嘴鸭群体。河道中多集小群活动。斑嘴鸭分布极其广泛，对湿地质量要求较低。斑嘴鸭在水体中以头颈浸入水中、表面取食、翻身取食等多种方式取食水生植物、软体动物、昆虫等。飞行时离水面较鸳鸯高。湖区或五河水系遇见率均极高，非常常见，有时为鄱阳湖区或河道中优势水鸟。

张荣峰 / 摄于鄱阳湖

针尾鸭 | Northern Pintail
Anas acuta 冬

鸭科 Anatidae

- **识别特征**：中型鸭科鸟类。前颈下半部白色，白线伸入枕部，具细长的尾羽，易于识别。
- **生境**：湖泊。
- **分布**：鄱阳湖。
- **习性**：针尾鸭主要分布于鄱阳湖区的大型浅水湖泊，偶见于五河水系的河道。针尾鸭在鄱阳湖多集小群（10~30只）活动，常与赤颈鸭、绿翅鸭等混群。针尾鸭在浅水中以头颈浸入水中、表面取食、翻身取食等多种方式取食水生植物。整体遇见率低，分布湖泊数少，分布区相对固定。

张荣峰 / 摄于鄱阳湖

张荣峰 / 摄于鄱阳湖

棉凫 | Asian Pygmy Goose
Nettapus coromandelianus 夏

鸭科 Anatidae

● **识别特征**：中型鸭科鸟类。喙黑色，脸、颈及两胁白色，头顶、背部色深。

● **生境**：湖泊。

● **分布**：鄱阳湖。

● **习性**：棉凫主要分布于鄱阳湖区的浅水湖泊或水生植物丰富的养殖塘。多集小群（2~10只）活动，常与黑水鸡、小䴙䴘等水鸟一起活动。棉凫在水体中以头颈浸入水中、表面取食、翻身取食等多种方式取食水生植物、软体动物、甲壳类等。整体遇见率极低。

棉凫（左）和水雉（右）周海燕 / 摄于鄱阳湖

张荣峰 / 摄于鄱阳湖

张荣峰 / 摄于鄱阳湖

赤麻鸭 | Ruddy Shelduck
Tadorna ferruginea 冬

鸭科 Anatidae

- ● **识别特征**：中型鸭科鸟类，较其他鸭科鸟类稍大。通体黄色，喙黑，头部偏白，雄性个体具黑色颈环。
- ● **生境**：湖泊。
- ● **分布**：鄱阳湖。
- ● **习性**：赤麻鸭主要分布于鄱阳湖区的浅水、草洲生境。多集小群（10~30只）或100只左右的群体活动。主要在湖区边具有较矮植被的草洲或浅水中取食水生植物、昆虫、软体动物、甲壳类等。鄱阳湖区有一定的种群数量，分布区比较固定，都昌县、五星白鹤保护小区、鄱阳县等地区的部分湖泊常见，其他湖区遇见率较低。

张荣峰 / 摄于鄱阳湖

赤颈鸭 | Eurasian Wigeon
Mareca penelope 冬

鸭科 Anatidae

● **识别特征**：中型鸭科鸟类。头颈部栗红色，头顶具明显的皮黄色斑块，两胁灰色。尾下覆羽黑色。

● **生境**：湖泊。

● **分布**：鄱阳湖。

● **习性**：赤颈鸭主要分布于鄱阳湖区的大型浅水湖泊。赤颈鸭在鄱阳湖多集小群（10～30只）或大群（100～200只）活动，常与针尾鸭、绿翅鸭等混群。赤颈鸭在浅水中以头颈浸入水中、表面取食、翻身取食等多种方式取食水生植物。遇见率高于针尾鸭，但整体遇见率较低，分布湖泊数少，分布区相对固定。

视频

张荣峰 / 摄于鄱阳湖

白眉鸭 | Garganey
Spatula querquedula

冬

鸭科 Anatidae

● **识别特征**：中型鸭科鸟类。脸棕色，具明显的细长白色眉纹，两胁灰白色，背部蓑羽明显。

● **生境**：湖泊或河道。

● **分布**：鄱阳湖和五河水系。

● **习性**：白眉鸭主要分布于鄱阳湖和五河水系的浅水区。多集小群活动。水中以头颈浸入水中、表面取食、翻身取食等多种方式来取食水生植物。种群数量少，遇见率极低。

钟平华 / 摄于兴国

绿头鸭 | Mallard
Anas platyrhynchos 冬

鸭科 Anatidae

- **识别特征：** 中型鸭科鸟类，是家鸭的祖先。喙黄色，头部墨绿色，有白色颈环。背部两侧、两胁偏白。
- **生境：** 全省各类湿地。
- **分布：** 全省各地均有分布。
- **习性：** 绿头鸭广泛分布于全省各类湿地。鄱阳湖区多集小群（10~30只）活动，很少遇见超过100只的绿头鸭群体，常混群于斑嘴鸭中。河道中多集小群活动。绿头鸭对湿地要求较低，分布广泛，但不如斑嘴鸭常见。绿头鸭在河道中以头颈浸入水中、表面取食、翻身取食等多种方式取食水生植物、软体动物和甲壳类等。鄱阳湖和五河水系遇见率均较高，数量较斑嘴鸭明显少。

张荣峰 / 摄于鄱阳湖

绿翅鸭 | Green-winged Teal
Anas crecca 冬

鸭科 Anatidae

● **识别特征：** 中型鸭科鸟类，体型偏小，是鸭科鸟类中体型较小的物种。喙黑色，头部整体棕色，眼及眼后具宽的绿色眼罩。翅的末端具绿色翼镜，有时不明显。尾部两侧具淡黄色斑。

● **生境：** 湖泊和河道。

● **分布：** 鄱阳湖和五河水系。

● **习性：** 绿翅鸭主要分布于鄱阳湖区的浅水区、深水区，更偏爱浅水区，偶见于湖区周边的稻田中觅食。多集大群（100~500只）活动，常单独成大群。绿翅鸭也广泛分布于五河水系具一定水生植被的河道中，一般也多集大群（100~300只）活动。绿翅鸭在水体中以头颈浸入水中、表面取食、翻身取食等多种方式来取食植物。绿翅鸭是江西最偏爱集大群整齐飞翔的鸭科水鸟，并相对整齐地落入水中。湖区遇见率较高，属于常见的鸭科鸟类。五河的遇见率和种群数量一般仅次于斑嘴鸭。

张荣峰 / 摄于鄱阳湖

张荣峰 / 摄于鄱阳湖

王榄华 / 摄于鄱阳湖

琵嘴鸭 | Northern Shoveler
Spatula clypeata 冬

鸭科 Anatidae

● **识别特征**：中型鸭科鸟类。喙黑色，长而粗大。头颈深绿色。胸部和两胁后部白色与两胁前段棕色形成鲜明的对比。

● **生境**：湖泊。

● **分布**：鄱阳湖。

● **习性**：琵嘴鸭主要分布于鄱阳湖区的浅水区、深水区，更偏爱浅水区。多集小群（10~50只）活动，常与斑嘴鸭、绿翅鸭和各类潜鸭混群。琵嘴鸭在湖泊中以头颈浸入水中、表面取食、翻身取食等多种方式取食水生植物、软体动物和甲壳类等。分布狭窄，分布区相对固定，遇见率较低。

张荣峰 / 摄于鄱阳湖

张荣峰 / 摄于鄱阳湖

王榄华 / 摄于鄱阳湖

红头潜鸭 | Common Pochard
Aythya ferina 冬

鸭科 Anatidae

● **识别特征**：中型鸭科鸟类，体型偏小。喙灰白色，头部红棕色，胸部黑色，背部和两胁偏白色。

● **生境**：湖泊。

● **分布**：鄱阳湖。

● **习性**：红头潜鸭主要分布于鄱阳湖的深水区。多集大群（100~300只）活动，也偶见1 000只以上的群体。常独立成群或与凤头潜鸭混群。红头潜鸭在湖泊中主要潜水取食水生植物。分布狭窄，分布区相对固定，与凤头潜鸭同为鄱阳湖区最常见的两种潜鸭。

张荣峰 / 摄于鄱阳湖

张荣峰 / 摄于鄱阳湖

王榄华 / 摄于鄱阳湖

凤头潜鸭 | Tufted Duck

Aythya fuligula 冬

鸭科 Anatidae

● **识别特征**：中型鸭科鸟类，体型偏小。头颈部、胸部、背部和尾部黑色，两胁白色，头后具明显的黑色冠羽。

● **生境**：湖泊。

● **分布**：鄱阳湖。

● **习性**：凤头潜鸭主要分布于鄱阳湖的深水区。多集小群（5～10只）或大群（100～300只）活动，常与白骨顶、赤颈鸭、斑嘴鸭混群。栖息湖区视野开阔，水体中水生植物较少。凤头潜鸭在湖泊中主要以潜水的方式取食鱼类、甲壳类、水生植物等。凤头潜鸭是江西数量较多的潜鸭，分布区较固定而分散，有一定的种群数量，但湖区整体遇见率不高，个别湖区的小片区域常见数百只凤头潜鸭的群体。

王榄华 / 摄于鄱阳湖

张荣峰 / 摄于鄱阳湖

赤嘴潜鸭 | Red-crested Pochard
Netta rufina 冬

鸭科 Anatidae

● **识别特征**：中型鸭科鸟类。头大而圆，橙红色，胸部和尾部黑色，两肋白色。

● **生境**：湖泊。

● **分布**：鄱阳湖。

● **习性**：赤嘴潜鸭主要分布于鄱阳湖的深水区。多集小群（5~10只）活动。栖息湖区视野开阔，水体中水生植物较少。赤嘴潜鸭是江西种群数量极少的潜鸭，非常罕见。

王榄华 / 摄于鄱阳湖

王榄华 / 摄于鄱阳湖

中华秋沙鸭 | Scaly-sided Merganser
Mergus squamatus 冬 鸭科 Anatidae

● **识别特征**：中型鸭科鸟类，体型偏大。喙棕黄色，末端带钩。雄鸟头部黑色，有明显的冠羽，两胁有鳞状斑纹。雌性或幼鸟头部棕黄色，胸部灰色，背部和两胁偏白色，两胁有鳞状斑纹。

● **生境**：河道。

● **分布**：五河水系、鄱阳湖。

● **习性**：中华秋沙鸭主要分布于五河水系的河道，江西五河水系均有分布。由于全球种群数量极低，只有约 2 000 只，因此中华秋沙鸭常以小群（2～30 只）活动。常与斑嘴鸭、小䴙䴘、鸳鸯在同一河段活动。中华秋沙鸭的分布区出现白鹭的概率极高，因为中华秋沙鸭栖息的河道中心均有一定数量的浅滩。中华秋沙鸭主要取食鱼类，对水的透明度要求较鸳鸯高，河水还须有一定的流动性。河道两侧一般至少有一侧有河岸林。分布区分散，河段位置相对固定，通常多年重复利用相同的河段，活动范围小，一般整个冬季均主要在 5～8 km 的范围内活动。中华秋沙鸭也偶见于鄱阳湖区有一定水深的湖汊。中华秋沙鸭主要潜水取食鱼类、昆虫和软体动物等。江西省中华秋沙鸭的种群数量约 200 只，遇见率极低。

中华秋沙鸭
栖息生境

王揽华 / 摄于婺源

王揽华 / 摄于婺源

　　䴙䴘目属于中小型游禽，仅包括䴙䴘科 1 科。喙尖，脚具瓣蹼，善于游泳和潜水取食鱼类等水生动物。䴙䴘目广泛分布于鄱阳湖区和五河水系，偏爱生境多样，大都以小群分散活动。䴙䴘目常见物种为小䴙䴘和凤头䴙䴘，它们的遇见率均较高，小䴙䴘在湖泊、河道、水沟等多种生境均有分布，凤头䴙䴘主要偏爱有一定面积和水深的湖泊。其他物种非常罕见。

江西常见
䴙䴘介绍

小䴙䴘 | Little Grebe
Tachybaptus ruficollis 留

鹇䴘科 Podicipedidae

- **识别特征**：小型游禽。喙黑色，尖而直。整体偏灰，近尾部色淡。无明显的尾部。
- **生境**：各类湿地生境。
- **分布**：全省各地的水域。
- **习性**：小䴙䴘广泛分布于鄱阳湖区和五河水系的各类湿地生境，如湖区、河道、池塘、藕塘等，甚至校园内人工湖泊冬季也有小䴙䴘的群体。通常单独或集小群（2～10只）活动，偶见30只以上的群体。小䴙䴘对栖息环境要求低，主要以潜水的方式取食鱼类、甲壳类等。江西分布最广、遇见率极高的水鸟，但每次遇见的种群数量一般较少，特别是五河水系，每次一般遇见5只以下。

张荣峰 / 摄于南昌艾溪湖

张荣峰 / 摄于鄱阳湖

凤头䴙䴘 | Great Crested Grebe
Podiceps cristatus 冬 䴙䴘科 Podicipedidae

● **识别特征**：中型游禽。喙尖而直。脸白，头部两侧栗色，头顶具黑色冠羽。前颈白色明显，常在休息时将喙插入翅中，显露出明显白色的颈部。

● **生境**：湖泊、水库。

● **分布**：鄱阳湖。

● **习性**：凤头䴙䴘广泛分布于鄱阳湖的各个子湖泊，也见于水体面积大、有一定水深的水库等生境，偏爱深水区域。凤头䴙䴘对生境要求较小䴙䴘高，一般不会选择水体面积小的河道、池塘等生境。凤头䴙䴘成对或集小群（5～30只）活动。主要以潜水的方式取食鱼类、甲壳类和昆虫等。凤头䴙䴘是江西省的冬候鸟，部分种群居留江西繁殖。鄱阳湖区冬季遇见率极高。

张荣峰 / 摄于南昌艾溪湖

张荣峰 / 摄于南昌艾溪湖

　　鹤形目是体型多样的涉禽，江西省主要类群包括秧鸡科和鹤科。秧鸡科为中小型涉禽，喙尖长，尾短，多数物种比较隐蔽和机警。秧鸡科水鸟大都偏爱在草丛、泥滩上觅食，也有一些物种如黑水鸡除了在水生植物上行走觅食外，还善于游泳，偶尔也见潜水。白骨顶是秧鸡科中特殊的物种，不但善于游泳，而且还善于并主要依靠潜水取食，因此有些学者将其列为游禽，但其主要形态特征更似涉禽。秧鸡科鸟类食性主要为动物性或杂食性，通常取食昆虫、鱼类、软体动物、植物等。秧鸡科常见的物种有黑水鸡、白骨顶、红脚田鸡，其他物种均为罕见或遇见率极低的物种。江西省鹤科鸟类主要包括分布在鄱阳湖区的四种鹤类（白鹤、白头鹤、白枕鹤和灰鹤），均为大型涉禽，灰鹤和白鹤在鄱阳湖分布相对广泛，遇见率稍高，白枕鹤和白头鹤分布区狭窄，遇见率较低。鹤类主要取食植物根茎，偶见取食鱼类等动物性食物。

江西常见
鹤类介绍

普通秧鸡 | Brown-cheeked Rail
Rallus indicus 冬　　　秧鸡科 Rallidae

● **识别特征**：中型涉禽。喙尖而直。脸灰，具明显的褐色贯眼纹，背部整体灰褐色，具纵向的黑色斑点，两胁后端具白色横纹。尾短，尾下覆羽具白斑。

● **生境**：湖泊、水田、沟渠等。

● **分布**：全省零星分布。

● **习性**：普通秧鸡零星分布于全省植被茂盛的湖泊、水田、沟渠等湿地生境。常单独或成对活动，非常警觉。主要采用拾取的方式取食昆虫、软体动物和植物。全省遇见率极低。

钟平华 / 摄于龙南

红脚田鸡 | Brown Crake
Zapornia akool 留

秧鸡科 Rallidae

- **识别特征**：中型涉禽。喙直，喙基部鲜黄色。脸、颈部、胸部灰色，背部灰褐色，无纵横纹。腿暗红色。
- **生境**：湖泊、水田、沟渠。
- **分布**：全省广泛分布。
- **习性**：红脚田鸡广泛分布于全省湖泊、水田、沟渠等湿地生境。主要单独或成对活动。红脚田鸡性机警，偏爱在植被茂密、隐蔽度高的区域觅食。主要以拾取的方式取食昆虫、软体动物等。鄱阳湖和五河水系遇见率相对较高，但数量不多，每次只有 1~2 只。常在河道岸边觅食，被路过的车辆惊起，会从道路的一边快速跑向另一边的灌丛中。

张荣峰 / 摄于鄱阳湖

白胸苦恶鸟 | White-breasted Waterhen
Amaurornis phoenicurus 夏　　秧鸡科 Rallidae

- **识别特征**：中型涉禽。喙直，黄绿色，喙基部红色。脸部、颈部、胸部均为白色，背部黑灰色。下腹和尾下覆羽棕黄色。
- **生境**：水田、沟渠。
- **分布**：全省零散分布。
- **习性**：白胸苦恶鸟零散分布于全省水田、沟渠等生境，偏爱在植被茂密、隐蔽度高的区域觅食。单独或成对活动。主要以拾取的方式取食昆虫、软体动物、植物。全省遇见率极低。

张荣峰 / 摄于鄱阳湖

钟平华 / 摄于兴国

白骨顶 | Common Coot
Fulica atra 冬

秧鸡科 Rallidae

● **识别特征**：中型涉禽。通体黑灰色，无杂斑。喙相对粗短，额甲有大块白色。

● **生境**：湖泊。

● **分布**：鄱阳湖。

● **习性**：白骨顶主要分布于鄱阳湖区的深水区和浅水区，更偏爱深水区，偶见于五河水系的河道中。鄱阳湖区白骨顶主要集大群活动，常见 100～500 只群体，1 000 只以上的群体也不少见。白骨顶主要以潜水方式取食鱼类、甲壳类、昆虫和水生植物，它们是秧鸡科鸟类中少见的善于且主要依靠潜水取食的鸟类。鄱阳湖遇见率极高，数量多，有时会成为当地湖区的优势种。冬候鸟，少量种群留居鄱阳湖区繁殖。

张荣峰 / 摄于鄱阳湖

张荣峰 / 摄于鄱阳湖

黑水鸡 | Common Moorhen
Gallinula chloropus 留

秧鸡科 Rallidae

- **识别特征**：中型涉禽。整体黑色，两胁有明显白色横斑。喙远端黄色，喙和额甲有大块红色，区别于白骨顶，因此黑水鸡也叫红骨顶。尾下覆羽白色。
- **生境**：全省各类湿地。
- **分布**：全省广泛分布。
- **习性**：黑水鸡广泛分布于全省各类湿地，偏爱水生植被丰富，有一定植被盖度的湖泊、水田、藕塘、池塘等各类生境，对生境要求低。黑水鸡主要集小群（2~30 只）活动，常在植被上面觅食，也可以游泳取食藕塘中的浮水植物和水生昆虫。偶见在视野开阔的水体中潜水，但以游泳为主，潜水频次极低。全省各地的遇见率都很高，是江西省的常见鸟。

张荣峰 / 摄于南昌艾溪湖

植毅进 / 摄于鄱阳湖

张荣峰 / 摄于南昌艾溪湖

红胸田鸡 | **Ruddy-breasted Crake**
Zapornia fusca 夏　　秧鸡科 Rallidae

● **识别特征**：中型涉禽。脸部、颈部和胸部棕红色。背部暗灰色。尾下覆羽具黑白色横斑。

● **生境**：水田。

● **分布**：零星分布于全省各地。

● **习性**：红胸田鸡零星分布于全省各地的水田中，主要单独或成对活动，偏爱在水田中以拾取的方式取食水生昆虫、软体动物和植物。全省各地的遇见率极低，比较罕见。

钟平华 / 摄于遂川

小田鸡 | Baillon's Crake
Zapornia pusilla （旅）

秧鸡科 Rallidae

- **识别特征**：体型偏小的涉禽。脸部、颈部和胸部灰色。具褐色冠眼纹。背部杂有较多的白色斑点。
- **生境**：湖泊、水田。
- **分布**：鄱阳湖。
- **习性**：小田鸡主要分布于鄱阳湖区有一定植被盖度的水田中，也偶见于其他地区的水田。主要单独或成对活动，性机警，偏爱在水田中以拾取的方式取食水生昆虫、甲壳类、软体动物。鄱阳湖区遇见率极低，比较罕见。

钟平华 / 摄于龙南

白鹤 | Siberian Crane
Grus leucogeranus 冬

鹤科 Gruidae

● **识别特征：** 大型涉禽。通体白色，体型高大，体态优雅。喙基及脸部具红色裸皮。

● **生境：** 湖泊、农田、藕塘。

● **分布：** 鄱阳湖。

● **习性：** 白鹤主要分布于鄱阳湖区的草洲、浅水、藕塘、农田等生境。主要集小群（5～20只）或家庭群活动，也可见300～1000只的大群。小群主要是几个家庭群的组合或均为成鸟的组合。家庭群包括2成、2成1幼、1成1幼等形式，其中2成1幼占主要比例。广泛分布于鄱阳湖区各类湖泊，全球约98%的白鹤种群分布在鄱阳湖区。2010年以前，白鹤主要分布在鄱阳湖国家级自然保护区的沙湖、蚌湖等地的自然生境（以草洲和浅水生境为主），分布区比较集中。之后白鹤在鄱阳湖的分布区开始分散，分布于鄱阳湖更多的湖区及周边生境，鄱阳湖南矶湿地国家级自然保护区、康山候鸟省级保护区、都昌候鸟省级保护区等鄱阳湖区都能见到大群白鹤。2012年至今，越来越多的白鹤离开自然生境，前往鄱阳湖区的五星白鹤保护小区（南昌市高新区）的藕塘中觅食，最大种群数量超过1200只。2020年10月至2021年2月，也有数千只白鹤至余干县康山乡插旗洲的稻田中觅食，当地政府还为白鹤保留一些未收割的稻田，供其补充越冬期的能量消耗。白鹤主要以拾取、探取的方式取食植物根茎和种子（如谷物）。整个鄱阳湖区白鹤种群数量虽然仅约4000只，但几乎每次鄱阳湖区水鸟调查都能遇见，一般遇见数量不多，分布比较分散。白鹤为江西省省鸟。

张荣峰 / 摄于鄱阳湖

周海燕 / 摄于鄱阳湖

周海燕 / 摄于鄱阳湖

白枕鹤 | White-naped Crane *Grus vipio*

 冬

鹤科 Gruidae

● **识别特征**：大型涉禽。头顶至后颈为大片白色，前颈至腹部黑灰色。眼周红色，红色外圈为黑色。背部至尾部，由黑灰色逐渐变灰白色。

● **生境**：湖泊、农田。

● **分布**：鄱阳湖。

● **习性**：白枕鹤主要分布于鄱阳湖区的草洲、浅水、农田等生境。主要集小群（3～20只）或家庭群活动，也可见100只以上的群体。小群主要是几个家庭群的组合或均为成鸟的组合。家庭群包括2成、2成1幼、1成1幼等形式，其中2成1幼和2成2幼都占一定的比例。白枕鹤常与灰鹤、白鹤混群在稻田中觅食。它们在自然生境中更多的是独立成群。白枕鹤在鄱阳湖的分布区比较分散，更偏爱自然生境。主要以拾取、探取的方式取食植物根茎和种子（如谷物）。江西鄱阳湖国家级自然保护区的遇见率相对较高。

张荣峰／摄于鄱阳湖

张荣峰／摄于鄱阳湖

灰鹤 | Common Crane
Grus grus 冬

鹤科 Gruidae

● **识别特征**：大型涉禽。头顶至后颈为白色，前颈黑色，其余身体都为土灰色。

● **生境**：湖泊、农田、藕塘。

● **分布**：鄱阳湖。

● **习性**：灰鹤主要分布于鄱阳湖区的草洲、浅水、农田等生境。家庭群、小群（3~20 只）和大群（100 只及以上）均较常见。小群主要是几个家庭群的组合或均为成鸟的组合。家庭群包括 2 成 2 幼、2 成 1 幼、2 成、1 成 1 幼等形式，其中 2 成 2 幼和 2 成 1 幼都占一定的比例，一般 2 成 2 幼的比例更高。灰鹤常与白鹤、白枕鹤混群在稻田中觅食。越冬初期，它们主要在鄱阳湖区各类湖泊的草洲中觅食，常集数百只的大群觅食。越冬中期，稻田收割后，它们会集大群在稻田中觅食，300 只及以上的大群在稻田中常见，是鄱阳湖 4 种主要鹤类中最偏爱稻田生境的鹤类，可能与其能更好地消化谷物有关。灰鹤也是在稻田中停留时间最长的水鸟，也是江西最常见、数量最大的鹤类。灰鹤主要以拾取、探取的方式取食植物根茎和种子（如谷物）。鄱阳湖各类湖泊均常见，遇见率较高。江西鄱阳湖国家级自然保护区的灰鹤一般较垦殖场数量少，因为灰鹤更偏爱周边有稻田的湖泊。

张荣峰 / 摄于鄱阳湖

张荣峰 / 摄于鄱阳湖

白头鹤 | Hooded Crane *Grus monacha* 冬

鹤科 Gruidae

● **识别特征：** 大型涉禽。头颈为白色，其余身体都为黑灰色，较江西其他几种常见鹤类黑。自然生境中，白头鹤和白枕鹤一般距离观察者较远，它们头部的细微区别很难看清楚，主要看它们背部的颜色，白枕鹤背部灰色偏白，白头鹤背部深黑色。

● **生境：** 湖泊、农田。

● **分布：** 鄱阳湖。

● **习性：** 白头鹤主要分布于鄱阳湖区的草洲、浅水、农田等生境。常见家庭群、小群（3~20只）活动，偶见数百只的大群。小群主要是几个家庭群的组合或均为成鸟的组合。家庭群包括2成2幼、2成1幼、2成、1成1幼等形式，其中2成2幼和2成1幼都占一定的比例，2成2幼的比例更高。白头鹤常与其他鹤类混群在稻田中觅食。它们更偏爱自然生境。主要以拾取、探取的方式取食植物根茎和种子（如谷物）。大群常见于鄱阳湖国家级自然保护区，其他区域一般以小群或2成2幼的家庭群为主，遇见率较低，每天湖区调查一般可以见到1~2次，大都为2成2幼。

张荣峰 / 摄于鄱阳湖

视频

张荣峰 / 摄于鄱阳湖

鸻形目鸟类包含游禽和涉禽，江西鸻形目主要包括鸻鹬类、鸥类两个类群。其中，鸻类和鹬类统称为鸻鹬类，是典型的涉禽。鸻鹬类种类多，形态类似，是最难辨认的水鸟类群。鸻类一般喙和颈部稍短。鹬类更符合涉禽喙长、颈长和腿长的"三长"特点。鸻鹬类均不善于游泳，部分物种如鹤鹬等可以游泳，但游泳能力较弱。其他物种少见其游泳行为。江西鸻鹬类主要分布在鄱阳湖区的浅水、泥滩等生境及湖区周边水田生境中，常集大群。五河水系分布分散，但由于五河水系面积大，总数量也相当可观。鸻鹬类主要取食软体动物、鱼类、水生昆虫、甲壳动物。鸥类是典型的游禽，善于游泳，但不善于潜水。它们常在鄱阳湖区空中飞行或悬停湖区上空或直接停在水体中，发现猎物即快速进入水中获取鱼类等食物。鸻形目常成为优势种的水鸟有反嘴鹬、凤头麦鸡、金鸻、黑尾塍鹬、鹤鹬、黑腹滨鹬、红嘴鸥、灰翅浮鸥；常见水鸟有灰头麦鸡、环颈鸻、扇尾沙锥、青脚鹬、白腰草鹬、林鹬、矶鹬、黑翅长脚鹬、西伯利亚银鸥、白额燕鸥、普通燕鸥、白翅浮鸥；灰鸻、长嘴剑鸻、金眶鸻、蒙古沙鸻、彩鹬、水雉、针尾沙锥、白腰杓鹬、泽鹬、小滨鹬、尖尾滨鹬、流苏鹬、弯嘴滨鹬、普通燕鸥、青脚滨鹬遇见率较低。其他水鸟遇见率极低或非常罕见。由于鸻鹬类较难鉴定，我们可以将常见的鸻鹬类（如江西的鹤鹬）作为参照物，与所见到的物种进行体型大小的对比，这样更利于物种的鉴定。例如较鹤鹬稍大的常见或优势物种有青脚鹬、黑尾塍鹬，较鹤鹬稍小的常见物种有林鹬、白腰草鹬等，个体极小的有长趾滨鹬、青脚滨鹬等。同样也可以借助于喙与头部的比例加以综合鉴定。

江西常见
鸻鹬介绍

江西常见
鸥类介绍

蛎鹬 | Eurasian Oystercatcher
Haematopus ostralegus 旅

蛎鹬科 Haematopodidae

● **识别特征**：中型涉禽。喙粗壮，直而长，橙红色。头颈、胸部、背部为黑色，腹部白色，野外易于鉴定。

● **生境**：湖泊。

● **分布**：鄱阳湖。

● **习性**：蛎鹬主要分布于鄱阳湖区的浅水、泥滩。常见成对或小群活动。主要以拾取、探取的方式取食昆虫、甲壳类、软体动物。遇见率极低。

钟平华／摄于鄱阳湖

黑翅长脚鹬 | Black-winged Stilt *Himantopus himantopus* 旅

反嘴鹬科
Recurvirostridae

● **识别特征**：中型涉禽。喙黑色，细长而直。头顶及背部黑色，与脸部及腹部纯白色形成鲜明的对比。腿红色，特长，明显高于常见的鹤鹬、青脚鹬等。

● **生境**：湖泊、池塘和水田。

● **分布**：鄱阳湖。

● **习性**：黑翅长脚鹬主要分布于鄱阳湖区的浅水、池塘、水田。常见小群（2～10只）活动，偏爱与其他鹬类混群。它们更偏爱养殖塘、水田等人工生境。因此，它们在周边有水田的湖区更容易被发现。主要以拾取的方式取食软体动物、甲壳类、昆虫、环节动物。越冬期很难见到，迁徙期遇见率相对较高。

张荣峰 / 摄于南昌乌沙河

反嘴鹬 | Pied Avocet
Recurvirostra avosetta 冬 反嘴鹬科 Recurvirostridae

- **识别特征**：中型涉禽，较鹤鹬、青脚鹬稍大。喙黑色，明显向上弯曲。背部黑白分明，腹部纯白色，野外易于识别。
- **生境**：湖泊、农田。
- **分布**：鄱阳湖和五河水系。
- **习性**：反嘴鹬主要分布于鄱阳湖区的浅水、农田、浅水养殖塘、营养丰富的藕塘。常以大群（数百只至3 000只左右）活动为主，以200~1 000只集群居多，对生境要求较低。反嘴鹬主要以边走边扫取的方式取食软体动物、甲壳类、昆虫。广泛分布于鄱阳湖区各类湖泊，遇见率极高，越冬期每天湖区调查一般均可多次遇见。因其集大群活动，因此每次遇见的数量较多，每天湖区调查的累计数量较大，常成为当地的优势种。反嘴鹬越冬期到达鄱阳湖的时间较早，春季离开鄱阳湖区较晚，是鄱阳湖区停留时间最长的鸻鹬类之一。

王揽华 / 摄于鄱阳湖

植毅进 / 摄于鄱阳湖

凤头麦鸡 | Northern Lapwing
Vanellus vanellus 冬

鸻科 Charadriidae

● **识别特征**：中型涉禽。喙短，黑色。头顶具黑色的羽冠，特别明显。背部墨绿色，具金属光泽。

● **生境**：湖泊、农田。

● **分布**：鄱阳湖。

● **习性**：凤头麦鸡主要分布于鄱阳湖区湖泊、草洲、泥滩及湖区周边的农田生境。常单独或小群活动，对生境要求较低。主要以拾取的方式取食昆虫、软体动物和植物。发现食物，快速奔跑拾取食物。江西省鄱阳湖区遇见率极高，几乎每个浅水湖泊及周边水田中都能见到。凤头麦鸡是江西省典型的冬候鸟，但2020年江西师范大学和江西省科学院夏季水鸟调查时，在稻田岸边发现1只凤头麦鸡，说明凤头麦鸡能在江西安全过夏。

张荣峰 / 摄于鄱阳湖

钟平华 / 摄于遂川

灰头麦鸡 | Grey-headed Lapwing
Vanellus cinereus 夏 鸻科 Charadriidae

- **识别特征**：中型涉禽，较鹤鹬、青脚鹬稍大。喙短，黄色，远端黑色，腿黄色。头颈部、胸部灰色，胸部有明显的黑色环带。背部灰褐色，腹部白色。
- **生境**：湖泊、农田。
- **分布**：全省广泛分布。
- **习性**：灰头麦鸡广泛分布于全省各地的湖泊、草洲、泥滩以及湖区周边的农田，也常见于全省各类河道及其周边水田、池塘等生境。灰头麦鸡常单独、成对或小群活动，对生境要求较低。此外，城市绿地如校园、郊区有池塘或河道的地方都可遇见灰头麦鸡。主要以拾取的方式取食昆虫、软体动物和植物。灰头麦鸡在江西省遇见率较高，有一定的种群数量，一般2月底即迁入江西繁殖，是较早到达江西繁殖的水鸟。

张荣峰 / 摄于鄱阳湖

植毅进 / 摄于鄱阳湖

钟平华 / 摄于遂川

环颈鸻 | Kentish Plover
Charadrius alexandrinus 旅

鸻科 Charadriidae

● **识别特征：**小型涉禽，较鹤鹬、青脚鹬明显小。喙尖长，黑色。头顶棕色，较鲜艳。颈部黑色环带在胸部不完全封闭，颈背具明显的白色环带。

● **生境：**湖泊、农田、池塘、河道。

● **分布：**鄱阳湖和五河水系。

● **习性：**环颈鸻零散分布于鄱阳湖泥滩，偶见于湖区周边的农田，也偶见于五河水系的河道中，一般其栖息的河道中心有狭长的小岛。常单独或成对或小群（10~30 只）活动，偶见鄱阳湖区数百只的大群。环颈鸻对生境要求较高，要求栖息生境为地势相对平坦、视野开阔、没有明显遮挡物的泥滩。环颈鸻主要以拾取的方式取食昆虫、环节动物、软体动物等，发现食物快速奔跑后拾取食物，然后继续暂停，寻找下一个猎物。环颈鸻是江西省最常见、停留时间也较长的鸻，遇见率相对较高，总体种群数量不多。

钟平华 / 摄于鄱阳湖

金眶鸻 | Little Ringed Plover
Charadrius dubius 旅

鸻科 Charadriidae

● **识别特征**：小型涉禽，较鹤鹬、青脚鹬明显小。喙尖长，具明显的金黄色眼圈和黑色贯眼纹。胸带黑色较宽。

● **生境**：湖泊、农田、池塘、河道。

● **分布**：鄱阳湖和五河水系。

● **习性**：金眶鸻主要零散分布于鄱阳湖泥滩，偶见于湖区周边的农田，也偶见于全省各地五河水系周边的稻田中。常单独或成对活动。金眶鸻对生境要求较高，要求栖息生境为地势相对平坦、视野开阔、没有明显遮挡物的泥滩。金眶鸻主要以拾取的方式取食昆虫、甲壳类、软体动物等。金眶鸻种群数量和遇见率远低于环颈鸻。

王榄华 / 摄于鄱阳湖

彩鹬 | Greater Painted Snipe
Rostratula benghalensis 留

彩鹬科 Rostratulidae

● **识别特征**：中型涉禽。喙长，头顶中央具一条米黄色的线条，头胸部栗红色，具明显的白色肩部。眼后有一条小白线。

● **生境**：湖泊、农田。

● **分布**：全省各地的湖泊和水田。

● **习性**：彩鹬零星分布于鄱阳湖的浅水区及其周边农田或荒地，偶见于其他区域的水田生境中。常单独或成对活动。彩鹬虽然颜色相对鲜艳，但其个体小，性机警，比较隐蔽，常躲藏在有一定盖度的大片水田中，不易发现。主要以探取、拾取的方式取食昆虫、甲壳类、软体动物、植物。全省各地彩鹬种群数量较少，遇见率较低。

钟平华 / 摄于遂川

钟平华 / 摄于遂川

水雉 | Pheasant-tailed Jacana
Hydrophasianus chirurgus 夏

水雉科 Jacanidae

- **识别特征**：中型涉禽。整体更像鸡形目鸟类。喙短，脸、前颈白色，后颈黄色。背部黑色为主，两翼具大块白斑。尾羽较长。
- **生境**：藕塘、芡实地。
- **分布**：鄱阳湖。
- **习性**：水雉主要分布于鄱阳湖区的藕塘、芡实地。常成对或家庭群活动。水雉对环境要求高，藕塘、芡实地等特定生境中才容易发现该物种，因为这些植物的叶片较大，可供其栖息、取食。它们主要在叶片上拾取昆虫，也常见其至附近的浅水处取食昆虫、软体动物、甲壳类和植物。鄱阳湖区水雉一般仅在特定植物群落的区域遇见率高，整个湖区的遇见率较低。水雉是夏候鸟，它们离开鄱阳湖区的时间较晚，有时11月都可以见其在湖区浅水处觅食。

张荣峰 / 摄于鄱阳湖

周海燕 / 摄于鄱阳湖

丘鹬 | Eurasian Woodcock
Scolopax rusticola 冬

鹬科 Scolopacidae

● **识别特征**：中型鹬类。喙长而直，似沙锥。头顶和颈部有数条黑色横斑。

● **生境**：湖泊和河道。

● **分布**：鄱阳湖和五河水系。

● **习性**：丘鹬零星分布于鄱阳湖和五河水系的浅水处。常单独活动。它们主要以探取和拾取的方式取食昆虫、植物。江西数量较少，遇见率极低。

钟平华 / 摄于遂川

黑尾塍鹬

Black-tailed Godwit
Limosa limosa 冬

鹬科 Scolopacidae

● **识别特征**：中型鹬类，体型和喙长明显大于常见的鹤鹬和青脚鹬。喙长而直，喙的前段黑色，大部分为粉黄色。翅和尾羽均有黑白色，飞行时黑色尾端羽非常明显，区别于斑尾塍鹬。

● **生境**：湖泊。

● **分布**：鄱阳湖。

● **习性**：黑尾塍鹬主要分布于鄱阳湖及其周边水田的浅水处，它们栖息区旁边一般有显露的狭长浅滩。常集大群（1 000~2 000只）活动。湖区集大群且个体较大的鹬类一般就是黑尾塍鹬，若不能看清，可以观察几分钟，会不时有飞行的个体露出黑色的尾羽，即可确认该物种。它们主要探取和拾取昆虫、甲壳类和软体动物。鄱阳湖区黑尾塍鹬的遇见率不高，但因其集群较大，有时会成为当地湖区的优势种。

视频

张荣峰 / 摄于南昌乌沙河

张荣峰 / 摄于鄱阳湖

鹤鹬 | Spotted Redshank
Tringa erythropus 冬

鹬科 Scolopacidae

● **识别特征**：中型鹬类。喙长而直，上喙黑色，下喙基部红色与红脚鹬上下喙的基部均为红色相区别。飞行时腰部白色。繁殖羽黑色型，背部杂有白色斑点。

● **生境**：湖泊的浅水区、泥滩、池塘、稻田、藕塘、河道等。

● **分布**：鄱阳湖和五河水系。

● **习性**：鹤鹬主要分布在鄱阳湖区的浅水区、泥滩、池塘、稻田、藕塘中。鹤鹬对环境要求相对较低，但更偏爱湖区的浅水区域，湖区水位高时会大量迁至湖区周边的水田中。常小群或大群（100~500只）活动，偶见数千只的群体在同一片水域觅食。五河水系的河道、水田等生境也常遇见鹤鹬，种群数量较小，集群大都在10只以下。它们主要探取、拾取甲壳类、软体动物、环节动物和昆虫等，水位较高时鹤鹬还能翻身取食，这种翻身取食的行为在鹬类中并不多见。鹤鹬有时还能游泳，也可以在相对较深的水域觅食，对水位的适应能力较江西同体型的其他鹬类强。鄱阳湖区鹤鹬的遇见率极高，每次调查都能多次发现，是鄱阳湖区分布最广、遇见率最高的鹬类，常成为湖区的水鸟优势种。

王榄华 / 摄于鄱阳湖

王榄华 / 摄于鄱阳湖

泽鹬 | Marsh Sandpiper
Tringa stagnatilis 冬

鹬科 Scolopacidae

- **识别特征：** 中型鹬类，体型明显较江西常见的鹤鹬、青脚鹬小。喙黑色，细长而直。脸部、前颈及腹部偏白色，腿黄绿色。在江西，黑色细长的喙、体型较小，且腹部较白的鹬通常就是泽鹬。
- **生境：** 湖泊。
- **分布：** 鄱阳湖和五河水系。
- **习性：** 泽鹬主要分布于鄱阳湖区的浅水区、泥滩、池塘、稻田、藕塘等。常单独或大群（100～500只）活动，也偶见于五河水系的河道的浅水区域，常单独活动。它们主要拾取、探取鱼类、软体动物、昆虫、环节动物。江西省种群数量较少，遇见率较低。

钟平华 / 摄于万安

青脚鹬 | Common Greenshank
Tringa nebularia 冬

鹬科 Scolopacidae

● **识别特征：** 中型鹬类，较常见物种鹤鹬的体型稍大。喙长而微向上弯曲。头顶灰白色，前颈、胸腹部白色，偶杂有一些黑色斑点。飞行时腰部白色，非常明显。

● **生境：** 湖泊、池塘、稻田、藕塘、河道等。

● **分布：** 鄱阳湖和五河水系。

● **习性：** 青脚鹬主要分布于鄱阳湖区的浅水区域，以及湖区周边的水田、藕塘等生境，但更偏爱湖区或湖汊，常单独或小群（5~30只）活动，偶见100只左右的群体在同一片水域觅食。青脚鹬也常见于五河水系及周边池塘，但一般单独或小群（10只以下）活动。青脚鹬在鄱阳湖区和五河水系均较常见，冬季几乎每天水鸟调查都能见到。青脚鹬和鹤鹬均为鄱阳湖区最为常见的鹬类，但青脚鹬在鄱阳湖区集群较小，种群数量和遇见率明显少于鹤鹬。它们主要探取、拾取甲壳类、昆虫和软体动物。青脚鹬在江西较为常见，但几乎不会成为当地的优势水鸟。

王榄华 / 摄于鄱阳湖

王榄华 / 摄于鄱阳湖

张荣峰 / 摄于南昌乌沙河

白腰草鹬 | Green Sandpiper *Tringa ochropus* 冬

鹬科 Scolopacidae

● **识别特征**：中型鹬类，较常见物种鹤鹬的体型小。头部及整个前胸黑灰色，背部深褐色，通常具白色斑点。飞行时腰部白色明显，体型明显较同样具有白色腰部的青脚鹬小。

● **生境**：湖泊、泥滩、池塘、稻田、藕塘、河道等。

● **分布**：全省各类湿地。

● **习性**：白腰草鹬广泛分布于全省各类湿地，如湖泊浅水区、水田、池塘、藕塘、河道等生境。常单独或成对活动。白腰草鹬在五河水系更为常见，冬季几乎每天水鸟调查都能见到，但其总数量较少，一般一次只能看到1只。五河水系遇见率一般高于或类似于青脚鹬。它们主要以拾取和探取的方式取食昆虫、软体动物、环节动物等。

张荣峰 / 摄于南昌乌沙河

林鹬 | Wood Sandpiper
Tringa glareola 旅

鹬科 Scolopacidae

- **识别特征**：中型鹬类，较常见物种鹤鹬的体型小。喙长而直。背部深褐色，密布白色斑点。飞行时尾羽白色。

- **生境**：湖泊、泥滩、池塘、稻田、藕塘、河道等。

- **分布**：全省各类湿地。

- **习性**：林鹬广泛分布于全省各类湿地，更偏爱集群栖息于湖区周边的稻田、藕塘等生境，也偶见于湖区浅水处、池塘等生境。稻田或藕塘常小群（5～30只）活动，偶见100只左右的群体在同一片水域觅食，其他生境一般单独活动。林鹬3—5月和水稻收割后在稻田中的种群数量大而稳定，每天在稻田中都能看到大量的群体，每群一般5～30只。其他时间和生境遇见率相对较低。它们主要以拾取或探取的方式取食昆虫、环节动物、植物。

视频

王榄华 / 摄于鄱阳湖

王榄华 / 摄于鄱阳湖

植毅进 / 摄于鄱阳湖

钟平华 / 摄于遂川

流苏鹬 | Ruff
Calidris pugnax 旅

鹬科 Scolopacidae

- **识别特征**：中型鹬类。喙黑色，较短。腿橙黄色。身体显膨松。
- **生境**：湖泊、藕塘。
- **分布**：鄱阳湖。
- **习性**：流苏鹬零星分布于鄱阳湖的浅水区及湖区周边食物资源丰富的藕塘。常小群活动。它们主要以拾取或探取的方式取食昆虫、环节动物、植物。流苏鹬种群数量少、遇见率较低，在江西的停息时间较短。

视频

张荣峰 / 摄于鄱阳湖

王揽华 / 摄于鄱阳湖

矶鹬 | Common Sandpiper
Actitis hypoleucos 冬

鹬科 Scolopacidae

● **识别特征**：中型鹬类，较常见物种鹤鹬的体型小。肩部具白色"月牙"。与体型类似的白腰草鹬的区别在于：胸部无完整的灰色环带，飞行时也无白色的腰部。

● **生境**：湖泊、泥滩、池塘、稻田、藕塘、河道等。

● **分布**：全省各类湿地。

● **习性**：矶鹬广泛分布于全省各类湿地，对湿地质量的要求低。常单独活动。矶鹬是江西省常见且分布广泛的鸻鹬类，但没有白腰草鹬常见，种群总数量较少。它们主要以拾取的方式取食昆虫、软体动物。

钟平华 / 摄于崇义

钟平华 / 摄于泰和

弯嘴滨鹬 | Curlew Sandpiper *Calidris ferruginea* 鹬科 Scolopacidae

- ● **识别特征**：中型鹬类。喙黑色，向下弯曲明显。头部和下体锈红色。
- ● **生境**：湖泊、藕塘。
- ● **分布**：鄱阳湖。
- ● **习性**：弯嘴滨鹬零星分布于鄱阳湖的浅水区及湖区周边食物资源丰富的藕塘、水田。常小群或大群活动。它们主要以探取或拾取的方式取食昆虫、软体动物、甲壳类。弯嘴滨鹬种群数量少、遇见率较低，在江西的停息时间较短。

视频

王榄华 / 摄于鄱阳湖

红嘴鸥 | Black-headed Gull
Chroicocephalus ridibundus 冬

鸥科 Laridae

● **识别特征**：中型游禽。整体灰白色。喙红色，末端黑色。眼后具一明显的黑圈。蹼发达。

● **生境**：湖泊。

● **分布**：鄱阳湖。

● **习性**：红嘴鸥主要分布于鄱阳湖区的浅水区、泥滩、养殖塘。常集大群（100~500只）活动，偶见数千只的大群在同一片水域觅食。红嘴鸥常在空中飞翔，有时停在湖区中心的岛屿休息，或在湖泊浅水区或深水区行走或游泳，捕食水中的小鱼。湖区周边的养殖塘也常见大群红嘴鸥在空中盘旋。湖区或养殖塘放水捕捞后，一般会有数百只红嘴鸥聚集捕食，有时它们还会集大群跟随渔船觅食。它们主要靠空中飞翔或水中游泳或行走，发现鱼类等猎物，快速啄取。鄱阳湖区冬季红嘴鸥的遇见率极高，几乎每次调查都能多次发现。红嘴鸥是鄱阳湖区冬季分布最广、遇见率最高的鸥类，常成为当地的水鸟优势种。

张荣峰 / 摄于鄱阳湖

王榄华 / 摄于鄱阳湖

灰翅浮鸥 | Whiskered Tern *Chlidonias hybrida* 夏

鸥科 Laridae

● **识别特征**：中型游禽。额至枕部黑色，两颊部及近颈部均白色。腹部黑灰色。边飞边叫。

● **生境**：湖泊、藕塘、养殖塘。

● **分布**：鄱阳湖。

● **习性**：灰翅浮鸥广泛分布于鄱阳湖区各个湖泊、藕塘和养殖塘，常在空中飞翔，有时停在藕塘或湖区中心的岛屿休息。常集大群（100～500 只）活动，偶见数千只的大群在同一片水域觅食。它们低空飞行寻找食物，遇到目标猎物快速啄取，主要取食鱼类、甲壳类和昆虫。鄱阳湖区夏季灰翅浮鸥的种群数量和遇见率极高，几乎每次湖区水鸟调查都能多次发现。灰翅浮鸥是鄱阳湖区夏季分布最广、遇见率最高的鸥类，常成为当地的水鸟优势种。灰翅浮鸥虽然为江西省的夏候鸟，但我们每年 1 月份水鸟监测时仍发现数百只灰翅浮鸥在鄱阳湖南矶湿地、鄱阳湖五星白鹤保护小区等地越冬。

钟平华 / 摄于兴国

鹳形目为大型涉禽，具涉禽典型的"喙长、颈长、腿长"的"三长"特征。仅包括鹳科 1 科。本书共收录 2 种，东方白鹳和黑鹳，均为国家 I 级重点保护鸟类。多栖息于鄱阳湖的自然生境。以鱼类等水生动物为主要食物。东方白鹳分布广泛但较分散，有一定的种群数量。黑鹳分布较零散，种群数量少、遇见率较低。

江西常见
鹳类介绍

东方白鹳 | Oriental Stork
Ciconia boyciana 冬

鹳科 Ciconiidae

● **识别特征**：大型涉禽。喙黑色，较粗壮。头颈部及背部大部分白色，近尾部有明显的黑色羽毛，腹部白色。飞羽黑色明显。东方白鹳距离观察者较远时，尾部黑色羽毛可与其他纯白色物种如白鹤、白琵鹭、白鹭等很好地进行区分。东方白鹳善于高空中盘旋、翱翔。

● **生境**：湖泊。

● **分布**：鄱阳湖。

● **习性**：东方白鹳分布区分散，大群主要分布于鄱阳湖南矶湿地国家级自然保护区、鄱阳湖国家级自然保护区、余干康山省级候鸟保护区、五星白鹤保护小区等地。常小群或大群（100只以上）活动。东方白鹳主要在水中以探取、拾取的方式取食鱼类等动物性食物。鄱阳湖区东方白鹳零星分布于各个湖泊，属于遇见率最高的鹳类。东方白鹳是冬候鸟，但夏季有部分种群留居江西鄱阳湖区周边繁殖，主要在高压线路的铁塔上筑巢和抚育后代。

王榄华 / 摄于鄱阳湖

王榄华 / 摄于鄱阳湖

黑鹳 | Black Stork
Ciconia nigra 冬

鹳科 Ciconiidae

● **识别特征**：大型涉禽，较东方白鹳小。喙和眼周裸皮均红色，喙较粗壮。背部、头颈部黑色，与白色的腹部呈鲜明的对比。

● **生境**：湖泊。

● **分布**：鄱阳湖。

● **习性**：黑鹳零星分布于鄱阳湖区的各大湖泊，分布区非常分散。常集小群（5~10 只）活动，偶见 30 只以上的群体。它们主要在水中以探取、拾取的方式取食鱼类、甲壳类。黑鹳种群数量较少，每次一般仅能遇见 10 只以下的群体，遇见率较低。

王榄华 / 摄于鄱阳湖

王榄华 / 摄于鄱阳湖

2.6 鲣鸟目 SULIFORMES

　　鲣鸟目属于大型游禽。喙粗壮，尖端带钩，适合捕鱼；蹼发达，善于游泳和潜水；尾长。栖息于湖泊、河道等具有深水的区域。主要取食鱼类等水生动物。江西鲣鸟目最常见的物种为鸬鹚科的普通鸬鹚，鄱阳湖区和五河水系均较常见，但它们更偏爱鄱阳湖区，为湖区冬季常见的水鸟。军舰鸟科的白斑军舰鸟非常少见，应为迷鸟。

普通鸬鹚 | Great Cormorant
Phalacrocorax carbo 冬 鸬鹚科 Phalacrocoracidae

● **识别特征**：大型游禽。整体黑色。喙粗壮带钩，嘴裂处具黄色裸皮，嘴裂后面有白斑。头部白色羽毛明显。尾羽长。站立时，身体稍向上竖直。

● **生境**：湖泊、河道、水库。

● **分布**：鄱阳湖和五河水系。

● **习性**：普通鸬鹚广泛分布于鄱阳湖的各个湖泊，种群数量较大。常集小群（30只左右）、大群（100只以上）活动，偶见500只以上的大群。它们偏爱深水区，一般需要湖中心有个小型岛屿或长条状的浅滩供其休息。飞行时常30只左右一起排成一条长长的左右方向的队伍，非常整齐。五河水系及周边水库也较常见，但集群数量较小，通常只有2~30只。鹰潭市龙虎山风景区有一岛屿，每年冬季有数百只或近千只普通鸬鹚在此越冬，傍晚和夜间集中该岛屿休息，白天分散至泸溪河各个河段觅食。它们主要靠潜水取食水中的鱼类等水生动物。普通鸬鹚在江西的种群数量非常大，有时会成为当地湖区的优势种。

王揽华 / 摄于鄱阳湖

张荣峰 / 摄于鄱阳湖

鹈形目属于中大型涉禽，具典型的"喙长、颈长、腿长"的"三长"特征。具蹼或蹼不发达；尾短。栖息于湖泊、河道、水田等各类生境。主要取食鱼类、昆虫、两栖类、浮游生物等。江西常见鹈形目水鸟有白鹭、苍鹭、白琵鹭、池鹭、夜鹭、牛背鹭、中白鹭、大白鹭；绿鹭、草鹭、黑苇鳽、栗苇鳽遇见率稍低，其他物种遇见率极低或非常罕见。

江西常见
鹭类介绍

彩鹮 | Glossy Ibis
Plegadis falcinellus 迷

鹮科 Threskiornithidae

● **识别特征**：中型涉禽。喙浅黑色，长且下弯明显。通体紫褐色具金属光泽。

● **生境**：湖泊、藕塘。

● **分布**：鄱阳湖。

● **习性**：彩鹮偶见于鄱阳湖的浅水区及湖区周边食物资源丰富的藕塘、水田。常单独或小群活动。它们主要以探取或拾取的方式取食昆虫、软体动物、甲壳类。彩鹮种群数量和遇见率极低，仅在五星白鹤保护小区记录过，非常罕见。

王榄华 / 摄于鄱阳湖

王榄华 / 摄于鄱阳湖

白琵鹭 | Eurasian Spoonbill
Platalea leucorodia 冬

鹮科 Threskiornithidae

● **识别特征**：大型涉禽。整体白色。喙长，前段膨大具黄斑。白琵鹭距离观察者较远时，易与白鹭混淆。观察者可根据白琵鹭边走边低头扫取食物、飞行时头颈部伸直、常集数百只大群等特征综合判断。

● **生境**：湖泊、河道。

● **分布**：鄱阳湖和五河水系。

● **习性**：白琵鹭广泛分布于鄱阳湖的各个湖泊，种群数量较大。它们偏爱有一定水深的浅水区。常集小群（30 只左右）、大群（100 只以上）活动，偶见 500 只以上的大群。飞行时，头部伸直，与鹭鸟相区别。偶见于五河水系，集小群，通常只有 10 只左右。白琵鹭主要依靠边走边扫取的方式取食水生昆虫、甲壳类和软体动物。白琵鹭在江西的种群数量较多，有时会成为当地湖区的优势种。

王榄华 / 摄于鄱阳湖

王榄华 / 摄于鄱阳湖

黑脸琵鹭 | Black-faced Spoonbill
Platalea minor

冬　　鹮科 Threskiornithidae

● **识别特征**：大型涉禽。喙和脸部黑色，喙端无黄色斑点。

● **生境**：湖泊、藕塘。

● **分布**：鄱阳湖。

● **习性**：黑脸琵鹭零星分布于鄱阳湖的浅水区及湖区周边食物资源丰富的湿地。常小群活动。它们主要以扫取的方式取食鱼类、昆虫、软体动物、甲壳类。黑脸琵鹭种群数量和遇见率极低。

王榄华 / 摄于鄱阳湖

王榄华 / 摄于鄱阳湖

大麻鳽 | Eurasian Bittern
Botaurus stellaris　冬

鹭科 Ardeidae

● **识别特征**：大型涉禽。背部棕褐色，杂有黑色条纹。喙长，头顶具黑色粗线。颈长，具黑色纵纹。

● **生境**：湖泊。

● **分布**：鄱阳湖。

● **习性**：大麻鳽零星分布于鄱阳湖，偏爱浅水区、草洲等生境。常单独活动。主要以啄取的方式取食鱼类、甲壳类、昆虫、软体动物等动物性食物。大麻鳽种群数量少，遇见率极低。

张荣峰 / 摄于鄱阳湖

黄斑苇鳽 | Yellow Bittern
Ixobrychus sinensis 夏

鹭科 Ardeidae

● **识别特征**：中型涉禽。背部黄褐色。喙长、颈短。飞行时可见黑色飞羽，与近缘种栗苇鳽相区别。

● **生境**：芦苇、稻田、湖泊、河道。

● **分布**：全省零星分布。

● **习性**：黄斑苇鳽零星分布于全省各地，偏爱芦苇等生境。常单独或成对活动。主要以啄取的方式取食鱼类、昆虫、两栖类。黄斑苇鳽种群数量少，遇见率较低，但黄斑苇鳽和黑苇鳽是江西最常见的两种苇鳽。

钟平华 / 摄于遂川

紫背苇鳽 | Von Schrenck's Bittern
Ixobrychus eurhythmus 夏

鹭科 Ardeidae

- **识别特征**：中型涉禽。背部暗紫色，具较多的白色斑点。喙长、颈粗短。
- **生境**：芦苇、稻田、湖泊、河道。
- **分布**：全省零星分布。
- **习性**：紫背苇鳽零星分布于全省各地，偏爱芦苇等生境。常单独或成对活动。主要以啄取的方式取食鱼类、昆虫、甲壳类和两栖类。紫背苇鳽种群数量少，遇见率极低。

钟平华 / 摄于遂川

夜鹭 | Black-crowned Night Heron
Nycticorax nycticorax 夏

鹭科 Ardeidae

● **识别特征**：中型涉禽。喙粗壮。头顶、背部黑蓝色，背部两侧为灰白色。头部有 2~3 根长长的饰羽。幼鸟背部深褐色，密布白色斑点，胸部有较密的纵纹。

● **生境**：湖泊、池塘、水田、河道。

● **分布**：全省各类湿地。

● **习性**：夜鹭广泛分布于全省各地的湖泊、池塘、水田、河道等生境，对生境的要求较低，一般水体边有大量中等高度的乔木就有可能有夜鹭种群。常集小群（30 只左右）活动。夜鹭白天喜爱集群停息在水边的枝头，等待觅食或休息。夜鹭在江西的种群数量较多，遇见率高，是江西常见的鹭鸟。它们是江西省的夏候鸟，但在池塘、河道边的乔木上常发现夜鹭的越冬种群，大都以幼鸟为主。

王榄华 / 摄于鄱阳湖

张荣峰 / 摄于鄱阳湖

绿鹭 | Striated Heron
Butorides striata 夏

鹭科 Ardeidae

- **识别特征**：中型涉禽。喙粗壮。头顶黑蓝色，颈部两侧为灰色。翅两侧的颜色明显较颈部深，且有浅色羽缘。
- **生境**：湖泊、池塘、水田、河道，溪流。
- **分布**：鄱阳湖和五河水系。
- **习性**：绿鹭零散分布于鄱阳湖和五河水系的湖泊、池塘、水田、河道、溪流等生境。常单独活动。它们对生境的隐蔽度要求较高。绿鹭在江西的种群数量较分散，遇见率较低。

张荣峰 / 摄于南昌赣江

钟平华 / 摄于遂川

池鹭 | Chinese Pond Heron
Ardeola bacchus 夏

鹭科 Ardeidae

● **识别特征：**中型涉禽。喙粗壮。头颈部、胸部棕红色，背部蓝黑色，翅白色。非繁殖羽与繁殖羽差异较大，但两个时期的池鹭飞行时飞羽和腰部都可见大片白色羽毛。

● **生境：**湖泊、养殖塘、藕塘、水田。

● **分布：**全省各类湿地。

● **习性：**池鹭广泛分布于全省各地的湖泊、池塘、水田等生境，更偏爱水稻田和藕塘生境。常单独或集小群（5~10只）活动。它们会在水中缓慢行走，寻找鱼类、甲壳类、昆虫、两栖类。夏季水稻田和藕塘的遇见率较高，特别是藕塘中遇见率更高。池鹭在江西的种群数量较多，遇见率高，是江西常见的鹭鸟。它们是江西省的夏候鸟，冬季也偶见越冬个体，冬季种群数量极少，基本为幼鸟。

钟平华 / 摄于遂川

牛背鹭 | Cattle Egret
Bubulcus ibis 夏

鹭科 Ardeidae

● **识别特征：** 中型涉禽。喙粗壮。头颈部、胸部黄色，背部有大块黄斑。其余部分白色。非繁殖羽全白，与其他白色鹭鸟的区别在于体型较小，颈部粗短，喙橙黄色。

● **生境：** 湖泊、养殖塘、藕塘、水田、草地。

● **分布：** 全省各地湿地。

● **习性：** 牛背鹭广泛分布于全省各地的湖泊、池塘、水田、草地等生境，是江西最偏爱在草地，甚至在干旱的草地生境中觅食的鹭科鸟类。常集小群（5~10只）活动。它们站在牛背上或跟在牛的周边觅食昆虫。夏季水稻田、池塘周边的草地的遇见率较高。牛背鹭在江西的种群数量较多，遇见率高，是江西夏季常见的鹭鸟。

钟平华 / 摄于遂川

钟平华 / 摄于遂川

苍鹭 | Grey Heron
Ardea cinerea 冬

鹭科 Ardeidae

● **识别特征**：大型涉禽。喙粗壮。头部有黑色冠羽，颈部特长，中央具黑色纵纹。上体灰白色。

● **生境**：湖泊、河道。

● **分布**：鄱阳湖和五河水系。

● **习性**：苍鹭广泛分布于鄱阳湖的各个湖区的浅水区、草洲等生境。常单独或集小群（10～30只）活动，也可见200只左右的群体。苍鹭和白鹭是鄱阳湖区冬季最常见、种群数量最多的两种鹭鸟，每次鄱阳湖越冬水鸟调查都能多次遇见，几乎每个湖泊都有苍鹭的分布。它们主要栖息在湖泊的浅水区，站立不动，等待食物，因此，有人称呼苍鹭为"老等"。主要取食鱼类、甲壳类、两栖类等动物性食物。苍鹭五河水系的各类河道中的种群数量不多，遇见率也较低。苍鹭是江西的冬候鸟，部分种群会在江西繁殖。

张荣峰 / 摄于都昌达子咀

楚毅进 / 摄于鄱阳湖

大白鹭 | Great Egret
Ardea alba 冬

鹭科 Ardeidae

● **识别特征**：大型涉禽。全身白色。喙粗壮，眼先蓝色，嘴裂延长至眼后。颈部具明显的扭节。

● **生境**：湖泊。

● **分布**：鄱阳湖。

● **习性**：大白鹭广泛分布于鄱阳湖的各个湖区。常单独或集小群（10~30 只）活动，也可见 200 只左右的群体。春季常与中白鹭、白鹭混群在湖区的浅水处，一般偏爱栖息于周边有林区的湖泊。主要取食鱼类、昆虫、甲壳类、软体动物。鄱阳湖 10 月份即越冬初期数量较多，遇见率相对较高。江西象山森林公园有一定数量的繁殖群体。

张荣峰 / 摄于南昌象山

中白鹭 | Intermediate Egret
Ardea intermedia 夏

鹭科 Ardeidae

● **识别特征：**中型涉禽。全身白色。喙粗壮，黄色，尖端黑色。眼先黄色，嘴裂仅至眼下。部分个体体型较大，颈部也较长，很难与大白鹭区分，可以依靠嘴裂的位置和眼先的颜色来鉴定。

● **生境：**湖泊、河道、稻田、藕塘。

● **分布：**全省各地的湿地。

● **习性：**中白鹭广泛分布于江西各地的湖泊、稻田等生境。常集小群（10~30只）活动，也可见 200 只左右的群体。主要取食鱼类、昆虫、两栖类。夏季江西省各地的水田和湖区有一定的种群数量和遇见率。因为鹭鸟在乔木上繁殖，因此它们夏季栖息的水田或湖泊周边一般有一定数量的乔木。

张荣峰 / 摄于南昌象山

白鹭 | Little Egret *Egretta garzetta* 夏

鹭科 Ardeidae

- **识别特征**：中型涉禽。全身白色。喙长而直，黑色。繁殖期枕部有两根细长的饰羽。腿黑色，脚趾黄色。
- **生境**：湖泊、水田、藕塘、河道等各类生境。
- **分布**：全省各地的湿地。
- **习性**：白鹭广泛分布于全省各类湿地生境。常单独或集小群（10~30只）活动。白鹭是江西省分布最广泛的鹭鸟，类似小䴙䴘、斑嘴鸭的分布区，但分布生境较小䴙䴘、斑嘴鸭多样。白鹭总体种群数量多，集群相对较小，因此开展水鸟调查一般都有记录。白鹭是江西的夏候鸟，但有很多白鹭会留居江西越冬，是江西冬季非常常见的水鸟。

张荣峰 / 摄于南昌艾溪湖

植毅进 / 摄于鄱阳湖

3.1 水鸟计数及其数据应用

鸟类调查方法包括样线法、样点法和固定面积法。样线法是选择一定长度的样线（2 km 左右），沿样线以 1.5 ~ 2.5 km/h 的速度缓慢行进，记录样线两侧约 50 m 内听到或见到的鸟类种类和数量。样点法是选择样点后，通常使用单筒望远镜环顾样点一周，记录样点范围内听到或见到的鸟类种类和数量。固定面积法是选择固定面积，通常为 0.25 hm² 或 0.5 hm²，记录该面积内听到或见到的所有鸟类种类和数量。

水鸟调查一般都需要单筒望远镜和双筒望远镜，因为水鸟颜色较浅、少有叫声，一般离观察者的距离较远。水鸟调查主要采用样线法和样点法。

河道水鸟的调查通常采用样线法，即沿着河道岸边行走，记录河道及周边水鸟种类和数量，样线长度 2 km 左右，每个调查区域 6 ~ 10 条样线为宜。有时河道岸边不易到达或岸边道路不连续，可以采用样线和样点法相结合，即沿着河道的公路驱车缓慢行进，每隔 1 km 左右停车至岸边用望远镜观察，也可以在桥中心或视野开阔的点向前向后记录水鸟的种类和数量。桥头有路时可以沿路走数百米，更能全面记录所有的水鸟。样点和样线结合的方法，样点数量最好达到 10 ~ 20 个，样点之间的距离至少1 km，样线之间的距离也应大于 1 km。河道鸟类种类和数量相对较少，每个样点一般观察 5 ~ 10 min 即可。

湖泊一般视野开阔，因此湖泊水鸟调查一般采用样点法，根据湖泊的大小，在湖泊周边地势稍高或视野开阔的地方选择 1 ~ 3 个样点，样点之间的距离大于 1 km。记录完毕后，可在样点附近走动一定的距离，查看有没有遗漏的物种。湖泊水鸟在越冬期或迁徙期偏爱大量集群觅食和栖息，因此每个样点记录水鸟的时长一般在 10 ~ 20 min，水鸟数量较多时，物种数也高，可以适当延长计数时间。每组 2 ~ 3 人为宜，分别负责观察、记录或拍照工作。一般是观察完鸟类后再进行水鸟或生境的拍照。水鸟种类多、数量极大时，采用集团计数法，即根据水鸟数量以 20 只、

50 只、100 只、200 只为单位计算水鸟的数量，单位不易过大，以免带来大的误差，一般以 50 只或 100 只为宜。计数大的混群时需要一个物种一个物种地单独记录，这样的数据更加科学准确。

水鸟数据获得后，须进行数据的整理和分析。目前针对某个地区水鸟数量的长期监测比较多见，如针对鄱阳湖区的某个保护区，每年选择固定的样点对该地区的水鸟进行 5 ~ 10 年甚至更长时间的水鸟监测。收集的数据可以进行如下统计和分析：①水鸟在不同年份的物种组成和数量变化；②濒危水鸟在不同年份的物种组成和数量变化；③优势种在不同年份的物种组成和数量变化；④多样性参数（物种数、个体数、多样性指数、均匀度指数、优势度指数等）在不同年份的动态变化；⑤水鸟、濒危水鸟、优势种、多样性指数在不同湖泊的空间动态；⑥鄱阳湖不同地区（如五星垦殖场、恒湖垦殖场、康山垦殖场）的水鸟物种组成、优势种、多样性指数的比较等。因为调查年限较长，调查的湖泊数或样点数较多，因此一篇文章很难将一个地区的水鸟时间和空间动态说清楚，最好空间和时间动态分开写作，这样可以将问题表述得更为清楚。

此外，若某一种水鸟偏爱大量集群，1 次记录个体数 500 只；另一种水鸟相对分散，每次记录 20 只左右，记录 25 次左右才能达到 500 只，如果最后调查的结果，这两个物种都是 500 只，但它们的遇见率显然是不同的，后一个物种遇见率明显高于前一种水鸟。因此，单从水鸟数量来表述水鸟的优势程度还不够，最好考虑水鸟的遇见率，可以用遇见的累计样线数量（如在某个地区选择 8 条样线，调查 3 次，相当于调查了样线 24 条次，若中华秋沙鸭在累计 10 条样线被发现，可以记作 10 条次）或累计遇见的湖泊数（如在某个地区选择 10 个湖泊，调查 3 次，相当于调查了 30 个湖泊次，若斑嘴鸭在累计 10 个湖泊被发现，可以记作 10 湖泊次）来表述它们的常见程度。

以上内容的具体分析详见文献：①植毅进，伊剑锋，刘威，等. 鄱阳湖南矶湿地国家级自然保护区越冬水鸟监测 [J]. 生态学杂志. 2020，39(7)：2400–2407. ②植毅进，刘威，邵明勤，等. 鄱阳湖康山和都昌水鸟多样性动态研究 [J]. 生态与农村环境学报，2020，36(9)：1149–1153。

水鸟群落多样性记录样表见表 3–1。

表 3-1 水鸟群落多样性记录样表

日期：＿＿＿＿＿＿＿＿　　天气情况：＿＿＿＿＿＿＿＿＿

观察人：＿＿＿＿＿＿＿　　记录人：＿＿＿＿＿＿＿＿＿

调查点：＿＿＿＿＿＿＿　　温度：＿＿＿＿＿＿＿＿＿＿

样线编号：＿＿＿＿＿　　记录起始和
结束时间：＿＿＿＿＿＿＿

物种名称	数量	生境	备注
白鹤	9	草洲	4 家庭群：2 成，1 成 1 幼（×2），2 成 1 幼
灰鹤	50	草洲	可见 2 家庭群：2 成 2 幼（×2）
灰鹤	20	浅水	
斑嘴鸭	300	草洲	

3.2 水鸟生态习性

3.2.1 行为时间分配与节律

　　正式观察水鸟行为前，应对水鸟行为进行预调查，参考相关文献对水鸟各行为进行定义，所有观察者应严格根据行为定义将水鸟的行为进行归类。游禽行为一般记录游泳、取食、行走、休息、修整、警戒、社会等行为；涉禽行为一般记录取食、休息、修整、警戒、运动、社会等行为。

　　行为时间分配与节律可使用焦点动物法和瞬时扫描法。焦点动物法即选择视野较好、有一定隐蔽的区域使用单筒望远镜寻找目标水鸟，确定观察的目标水鸟个体后，连续观察记录。在研究行为时间分配与节律时，一般连续 2 min，记录 2 min 内目标个体发生的各种行为的持续时间。行为的观察和记录通常由两人协作完成。一人负责观察并口述水鸟各行为，一人负责用秒表计时和记录，行为的记录时间四舍五入精确到整数秒。记录样表与记录示例见表 3-2。若 2 min 内目标动物移开视野范围，则该组数据取消，重新寻找下一个目标动物。2 min 观察结束后，休息 5 ~ 10 min 再观察下一个目标动物，尽量多观察一些个体，尽可能地代表整个群体的真实行为，不能一直观察同一个个体。

有了焦点动物法获得的观察数据，可以求得各行为的时间分配比例。如 1 h 内共观察 6 组 2 min 的行为，即总计观察时长 720 s。然后统计 720 s 内各行为的累计时间，如休息累计时间为 287 s，那么取食的时间比例就是 39.86%（建议保留小数点后两位）。一天或一个月或一个调查周期的行为时间分配比例也以同样的方法统计。焦点动物法还可以获得每种行为单次持续时间，可综合多组的观察数据求得单次持续时间的平均值。

表 3-2　白鹤 行为记录样表（焦点动物法）

| 观察人：_____ | 地点：_____ | | 日期：_____ | | 最低温度：_____ |
| 记录人：_____ | 海拔：_____ | | 天气：_____ | | 最高温度：_____ |

| 目标动物信息：成鸟，家庭群 | | | | 目标动物信息：幼鸟，家庭群 | | | |
| 开始时间：7:00 | 观察时长：2 min | | | 开始时间：7:15 | 观察时长：2 min | | |
序号	行为	持续时间 /s	备注	序号	行为	持续时间 /s	备注
1	取食	27		1	取食	25	
2	休息	50		2	休息	50	
3	行走	20		3	行走	25	
4	取食	20		4	取食	20	
5	警戒	3					

瞬时扫描法即使用单筒望远镜对目标动物沿着一个方向进行扫描，一般从左至右，每次扫描 5~15 个个体。一次扫描个体数不宜太多，记录看到时该个体发生的行为，扫描结束后，休息 5 min 进行下一个群体的扫描。同样尽量扫描多个群体。瞬时扫描法 1 h 一般可以观察 5~6 次。观察行为时，将不同性别（大部分雁鸭类的雌雄羽色差异较大，野外易于区分）、不同年龄组（如成年白鹤为白色，幼年白鹤为黄色，野外易于区分）、不同生境（农田、藕塘、浅水、深水、草洲等）的个体行为区分记录，可以分析出更多有价值的数据。瞬时扫描法的记录样表及记录示例见表 3-3。表 3-3 中，因成、幼个体区分记录，每扫描 1 次记录 2 行。如第一行和第二行表示这次一共扫描 15 只白鹤，其中 7 只成年白鹤中有 5 只取食，2 只修整；8 只幼鹤中 7 只在取食，1 只在休息。同时还要记录一些有可能影响行为的生态因子，如日照长度、天气情况等。观察时间一般尽量在昼间的 7:00—18:30，可以根据当地天亮和天黑的时间适当调整，一天一般观察 10 h 左右。

表 3-3　白鹤 行为记录样表（瞬时扫描法）

观察人：_____　地点：_____　日期：_____　最低温度：_____

记录人：_____　海拔：_____　天气：_____　最高温度：_____

		取食	休息	修整	警戒	社会	飞行	行走
7:00—7:59	成鸟	5*		2				
	幼鸟	7	1					
	成鸟							
	幼鸟							
	成鸟							
	幼鸟							
	成鸟							
	幼鸟							
	成鸟							
	幼鸟							

* 表示一次扫描有 5 个个体在取食

3.2.2 取食行为

研究水鸟的取食行为中很重要的研究内容是取食频次和取食成功频次。这两项研究数据使用焦点动物法进行观察获取。观测方法为选择一只正在取食的个体进行取食行为观察与记录，连续观察记录 1 min，一般每次观察间隔约为 10 min。

出现下列任一标准记录为 1 次取食行为：①喙进入水面寻找食物开始，至喙离开水面；②喙埋入水中表层，但出现明显停顿或吞咽动作；③当出现啄食泥土翻找食物，喙频繁出入水面时，以出现明显停顿记作 1 次。

记作 1 次取食成功以掷头吞咽或喉咙发生运动伴随着吞咽为依据。

每次观察随机选择目标个体进行取食行为的记录，尽量不要重复选择同一个体，以减少重复取样，尽可能表现整体状况。记录取食频次前，先记录目标动物的栖息水深。栖息水深的观测方法详见本书 5.5 "本科论文范例 1——水鸟生态习性研究方向"中研究方法。取食行为的记录样表见表 3-4。

表 3-4　白鹤 取食行为记录样表

| 观察人：_____ | 地点：_____ | 日期：_____ | 最低温度：_____ |
| 记录人：_____ | 海拔：_____ | 天气：_____ | 最高温度：_____ |

	成鸟：1 min 取食次数（　）—成功次数（　）；水深等级（　）
	幼鸟：1 min 取食次数（　）—成功次数（　）；水深等级（　）
7:00—7:59	

3.2.3 性比与成幼

有些鸟类很容易区分雌雄，如绿头鸭、绿翅鸭、中华秋沙鸭、各类潜鸭等；有些水鸟很容易区分成幼，如小天鹅、各种鹤类、黑水鸡等。这些物种在记录水鸟数量的同时，区分记录其雌雄数量或成幼数量，以便得到更有价值的科研资料。

3.2.4 集群特征

记录水鸟数量的同时，还可以记录水鸟的集群特征。目前文献对超过多远距离的个体视为不同群体，不同文献的标准不同，一般以 20 m、50 m、100 m 居多，同时要求不同个体步调一致即视为一个群体。本书判别不同群体以 20 m 为标准。发现目标群体时可记录目标动物的群体大小、家庭群数、各家庭群组成（如 2 成 1 幼）、群体中的性比等。

3.2.5 栖息地选择

采用样点法或样线法寻找目标水鸟，发现目标水鸟后，划定 10 m × 10 m 的样方，从水、食物因子、安全因子、干扰四个方面测定水鸟的栖息地选择的影响因子。如关于水的参数有水深、距水源的距离；关于食物因子的参数有冬芽的数量和生物量、谷物的数量和生物量等；安全因子的参数有距道路的距离、距居民区的距离等。此外，我们还可以从微生境的角度或大尺度（借助于 GIS 技术）对水鸟的生境选择进行研究。

水鸟调查示范

鄱阳湖南矶湿地
保护区水鸟调查

第4章 江西水鸟野外实习

生物科学专业中动物学野外实习是动物学教学的重要组成部分，是为了理论联系实际，更好地巩固课堂上所学的专业（动物生物学和生态学）理论知识。动物学野外实习让学生走进大自然，了解大自然，丰富和提高课堂教学，是培养学生实践能力和创新能力的重要环节。水鸟是江西省最常见的野生动物之一，数量大、种类多，分布比较集中，是动物学野外实习良好的观察对象。本章将从实习点的选择、实习准备、实习点的介绍过程、实习指导、实习报告的规范、实习报告范例等方面进行系统的介绍，为水鸟野外实习提供参考。

4.1 实习点的选择

野外实习地点的选择应尽可能考虑以下因素：①实习地点应选择具有多样的自然生境，水鸟种类及数量较为丰富的地区；②考虑到大部分本科生未接触过鸟类观察，选择实习地点应考虑视野开阔、大中型水鸟集中的地区；③实习地点交通是否利于师生的出行，能否保障实习师生的食宿及安全。尽量选择保护区，可以更好地提供后勤保障，并充分利用保护区的一些音像资料和标本馆等；④实习地点应选择人为干扰较少的地区，避开参观人群高峰期，利于师生参观学习。了解备选实习地区的自然地理概况，再通过现场调查后确定实习地点。根据上述因素，较为理想的江西水鸟野外实习地点为：九江市永修县吴城镇的鄱阳湖国家级自然保护区和宜春市靖安县的江西九岭山国家级自然保护区，其中九岭山保护区除观察水鸟外，还可以观察林区鸟类、昆虫等。以下主要以这两个实习点为例介绍江西水鸟野外实习。

4.2 实习准备

4.2.1 实习工具

观察工具：手持式 GPS 测量仪、望远镜（双筒望远镜、单筒望远镜）、单反数码照相机、录音笔、测距仪、记录本、温度计、湿度计、气压计等。

工具书或资料：《中国鸟类野外手册》《江西水鸟多样性与越冬生态研究》或其他鸟类图鉴，可手机下载一些常见鸟类图片供野外观察实体时对照。

应急工具：便携医疗箱（备应急与防疫药物）。

4.2.2 实习学生的组织

野外水鸟实习是一项具体而又复杂的教育活动，学生人数较多，带队教师一般不足，可以聘请一些高年级鸟类学专业的研究生担任教师助理。由实习指导老师、导师助理、各班班长和团支书统一管理学生。学生分成若干小组。每组 10～15 人最佳。每组任命一名小组长，负责小组实习过程的组织、点名和协调工作。每位指导教师和助理带 1～2 组学生，晚上签到按班级或小组为单位，班长或助理负责，确保实习期间的安全。

4.3 实习地点概况、实习内容及线路

4.3.1 江西鄱阳湖国家级自然保护区

实习地点位于江西省九江市永修县的吴城镇。保护区属于亚热带湿润季风气候区，气候温和，雨量充沛，阳光充足，四季分明。因水草茂盛，鱼类丰富，气候适宜，是世界候鸟的最大越冬栖息地之一。保护区由大湖池、中湖池、沙湖、蚌湖等 9 个湖泊组成。保护区内水鸟资源丰富，常见水鸟有鸿雁、豆雁、小天鹅、反嘴鹬、鹤鹬、白琵鹭、苍鹭和白鹭等。濒危水鸟有东方白鹳、白鹤等。根据实习地点的地理环境以及鸟类资源分布情况设计适合鸟类野外实习的路线。

鄱阳湖国家级自然保护区实习地点的实习线路规划如下：

样点：常湖池观鸟台，包含草洲、泥滩、浅水、深水等生境。

样线 1：起于吴城镇，经菜市场，止于赣江岸堤。

样线 2：起于吴城镇，经荷溪渡口，止于中湖池。

样线 3：起于吴城镇，经西垄口，止于朱市湖。

实习内容主要包括水鸟种类识别和数量计数、水鸟行为观察、水鸟水位估算（根据水鸟腿浸入水中的位置估计）、水鸟标本观看（保护区标本馆）、水鸟录像和照片观看（保护站内）等。表 4-1 为著者于 2017—2020 年在鄱阳湖开展水鸟调查时记录的水鸟名录。

表 4-1　鄱阳湖近期（2017—2020 年）调查的水鸟名录

种类	居留型	区系	保护级别
一、雁形目 ANSERIFORMES			
（一）鸭科 Anatidae			
1. 鸿雁 *Anser cygnoid*	冬	古	II
2. 豆雁 *Anser fabalis*	冬	古	
3. 灰雁 *Anser anser*	冬	古	
4. 白额雁 *Anser albifrons*	冬	古	II
5. 小天鹅 *Cygnus columbianus*	冬	古	II
6. 赤膀鸭 *Mareca strepera*	冬	古	
7. 赤麻鸭 *Tadorna ferruginea*	冬	古	
8. 罗纹鸭 *Mareca falcata*	冬	古	
9. 赤颈鸭 *Mareca penelope*	冬	古	
10. 绿头鸭 *Anas platyrhynchos*	冬	古	
11. 斑嘴鸭 *Anas zonorhyncha*	留	广	
12. 针尾鸭 *Anas acuta*	冬	广	
13. 绿翅鸭 *Anas crecca*	冬	古	
14. 红头潜鸭 *Aythya ferina*	冬	古	
15. 凤头潜鸭 *Aythya fuligula*	冬	古	
16. 普通秋沙鸭 *Mergus merganser*	冬	古	
17. 中华秋沙鸭 *Mergus squamatus*	冬	古	I
二、䴙䴘目 PODICIPEDIFORMES			
（二）䴙䴘科 Podicipedidate			
18. 小䴙䴘 *Tachybaptus ruficollis*	留	广	
19. 凤头䴙䴘 *Podiceps cristatus*	冬	古	
三、鹤形目 GRUIFORMES			
（三）秧鸡科 Rallidae			
20. 红脚田鸡 *Zapornia akool*	留	东	
21. 黑水鸡 *Gallinula chloropus*	留	广	
22. 白骨顶 *Fulica atra*	冬	广	
（四）鹤科 Gruidae			
23. 白鹤 *Grus leucogeranus*	冬	古	I
24. 白枕鹤 *Grus vipio*	冬	古	I
25. 灰鹤 *Grus grus*	冬	古	II

种类	居留型	区系	保护级别
26. 白头鹤 *Grus monacha*	冬	古	I
四、鸻形目 CHARADRIIFORMES			
（五）反嘴鹬科 Recurvirostridea			
27. 黑翅长脚鹬 *Himantopus himantopus*	旅	广	
28. 反嘴鹬 *Recurvirostra avosetta*	冬	古	
（六）鸻科 Charadriidae			
29. 凤头麦鸡 *Vanellus vanellus*	冬	古	
30. 灰头麦鸡 *Vanellus cinereus*	夏	古	
31. 金鸻 *Pluvialis fulva*	旅	古	
32. 灰鸻 *Pluvialis squatarola*	旅	古	
33. 金眶鸻 *Charadrius dubius*	旅	广	
34. 环颈鸻 *Charadrius alexandrinus*	旅	广	
（七）鹬科 Scolopacidae			
35. 扇尾沙锥 *Gallinago gallinago*	冬	古	
36. 黑尾塍鹬 *Limosa limosa*	冬	古	
37. 中杓鹬 *Numenius phaeopus*	旅	古	
38. 白腰杓鹬 *Numenius arquata*	冬	古	II
39. 鹤鹬 *Tringa erythropus*	冬	古	
40. 泽鹬 *Tringa stagnatilis*	冬	古	
41. 青脚鹬 *Tringa nebularia*	冬	古	
42. 白腰草鹬 *Tringa ochropus*	冬	古	
43. 林鹬 *Tringa glareola*	旅	古	
44. 矶鹬 *Actitis hypoleucos*	冬	古	
45. 黑腹滨鹬 *Calidris alpina*	冬	古	
46. 青脚滨鹬 *Calidris temminckii*	旅	古	
（八）鸥科 Laridae			
47. 红嘴鸥 *Chroicocephalus ridibundus*	冬	古	
48. 西伯利亚银鸥 *Larus mithsonianus*	冬	古	
49. 灰翅浮鸥 *Chlidonias hybridus*	夏	广	
五、鹳形目 CICONIIFORMES			
（九）鹳科 Ciconiidae			
50. 黑鹳 *Ciconia nigra*	冬	古	I

种类	居留型	区系	保护级别
51. 东方白鹳 *Ciconia boyciana*	冬	古	I
六、鲣鸟目 **SULIFORMES**			
（十）鸬鹚科 **Phalacrocoracidae**			
52. 普通鸬鹚 *Phalacrocorax carbo*	冬	广	
七、鹈形目 **PELECANIFORMES**			
（十一）鹮科 **Threskiornithidae**			
53. 白琵鹭 *Platalea leucorodia*	冬	古	II
（十二）鹭科 **Ardeidae**			
54. 大麻鳽 *Botaurus stellaris*	冬	广	
55. 黑苇鳽 *Ixobrychus flavicollis*	夏	广	
56. 夜鹭 *Nycticorax nycticorax*	夏	广	
57. 绿鹭 *Butorides striata*	夏	广	
58. 池鹭 *Ardeola bacchus*	夏	广	
59. 牛背鹭 *Bubulcus ibis*	夏	广	
60. 苍鹭 *Ardea cinerea*	冬	广	
61. 草鹭 *Ardea purpurea*	夏	广	
62. 大白鹭 *Ardea alba*	冬	广	
63. 中白鹭 *Ardea intermedia*	夏	东	
64. 白鹭 *Egretta garzetta*	夏	东	

4.3.2 江西九岭山国家级自然保护区

保护区位于江西省靖安县境内，地处九岭山脉的主峰及腹地地段，属亚热带季风气候。保护区总面积 1 154 km²。该保护区内栖息有国家 I 级保护鸟类中华秋沙鸭 *Mergus squamatus* 和国内罕见水鸟海南鳽 *Gorsachius magnificus*，常见水鸟有黑水鸡 *Gallinula chloropus*、夜鹭 *Nycticorax nycticorax*、牛背鹭和白鹭等。九岭山保护区及周边的河道属于江西五河水系中的修河，因此本节列出了五河水系近期（2015—2020 年）调查的水鸟名录（表 4-2）。九岭山保护区实习路线主要包括视野开阔的河道及其两侧、村庄农田、林区及林缘。实习内容除了观察水鸟外，还可以包括对林区鸟类、两栖类、爬行类、昆虫（主要蝶类）等进行观察。

表 4-2 五河水系近期（2015—2020 年）调查的水鸟名录

种类	居留型	区系	保护级别
一、雁形目 ANSERIFORMES			
（一）鸭科 Anatidae			
1. 小天鹅 *Cygnus columbianus*	冬	古	Ⅱ
2. 鸳鸯 *Aix galericulata*	冬	古	Ⅱ
3. 斑嘴鸭 *Anas zonorhyncha*	留	广	
4. 罗纹鸭 *Mareca falcata*	冬	古	
5. 绿头鸭 *Anas platyrhynchos*	冬	古	
6. 针尾鸭 *Anas acuta*	冬	广	
7. 绿翅鸭 *Anas crecca*	冬	古	
8. 普通秋沙鸭 *Mergus merganser*	冬	古	
9. 中华秋沙鸭 *Mergus squamatus*	冬	古	Ⅰ
二、䴙䴘目 PODICIPEDIFORMES			
（二）䴙䴘科 Podicipedidate			
10. 小䴙䴘 *Tachybaptus ruficollis*	留	广	
三、鹤形目 GRUIFORMES			
（三）秧鸡科 Rallidae			
11. 红胸田鸡 *Porzana fusca*	夏	广	
12. 红脚田鸡 *Zapornia akool*	留	东	
13. 黑水鸡 *Gallinula chloropus*	留	广	
14. 白骨顶 *Fulica atra*	冬	广	
四、鸻形目 CHARADRIIFORMES			
（四）鸻科 Charadriidae			
15. 凤头麦鸡 *Vanellus vanellus*	冬	古	
16. 灰头麦鸡 *Vanellus cinereus*	夏	古	
17. 长嘴剑鸻 *Charadrius placidus*	旅	古	
18. 金眶鸻 *Charadrius dubius*	旅	广	
19. 环颈鸻 *Charadrius alexandrinus*	旅	广	
（五）鹬科 Scolopacidae			
20. 大沙锥 *Gallinago megala*	旅	古	
21. 扇尾沙锥 *Gallinago gallinago*	冬	古	
22. 鹤鹬 *Tringa erythropus*	冬	古	
23. 青脚鹬 *Tringa nebularia*	冬	古	
24. 白腰草鹬 *Tringa ochropus*	冬	古	
25. 林鹬 *Tringa glareola*	旅	古	
26. 矶鹬 *Actitis hypoleucos*	冬	古	
27. 黑腹滨鹬 *Calidris alpina*	冬	古	

种类	居留型	区系	保护级别
五、鲣鸟目 SULIFORMES			
（六）鸬鹚科 Phalacrocoracidae			
28. 普通鸬鹚 *Phalacrocorax carbo*	冬	广	
六、鹈形目 PELECANIFORMES			
（七）鹮科 Threskiornithidae			
29. 白琵鹭 *Platalea leucorodia*	冬	古	Ⅱ
（八）鹭科 Ardeidae			
30. 黄斑苇鳽 *Ixobrychus sinensis*	夏	广	
31. 黑苇鳽 *Ixobrychus flavicollis*	夏	广	
32. 海南鳽 *Gorsachius magnificus*	夏	东	Ⅱ
33. 夜鹭 *Nycticorax nycticorax*	夏	广	
34. 绿鹭 *Butorides striata*	夏	广	
35. 池鹭 *Ardeola bacchus*	夏	广	
36. 牛背鹭 *Bubulcus ibis*	夏	广	
37. 白鹭 *Egretta garzetta*	夏	东	
38. 中白鹭 *Ardea intermedia*	夏	东	
39. 苍鹭 *Ardea cinerea*	冬	广	

4.4 实习过程指导

大部分鸟类白天活动，水鸟觅食位点相对固定，特别是冬季大部分水鸟偏爱集群觅食。因此，水鸟是冬季动物学实习较理想的观察对象。只有实习前做好充分的准备，实习期间多次在野外认真观察，同时通过记录、绘图、照相，并与彩色图谱对照，才能提高野外鸟类识别能力。水鸟野外实习指导老师应做好以下工作。

（1）**动物学实习动员会**　实习之前给学生开一次动员大会，告诉同学们野外实习的安全注意事项。指导教师作一次讲座，详细介绍实习点自然概况和实习地常见的水鸟种类及优势种，介绍水鸟常见的工具书，指导学生下载实习点或附近水鸟研究的相关文献，确定好鸟类名录。指导学生获取相关图片，找到常见或优势水鸟在图鉴中的位置。每位同学必须熟悉25~30 种常见水鸟和优势水鸟，能够看到图片很快辨别出鸟类名称。

（2）**实习期间**　师生到达实习点后，首先指导学生观察水鸟标本和观看录像，引导学生将自己熟悉的水鸟图片与标本和录像联系起来，加深对鸟类形态的印象，提高野外识别能力。然后，学生分组前往水鸟集中的几个湖泊，反复观察见到的鸟类种类。要求学生学会数量估计，特别是大量集群的水鸟如各类大雁、小天鹅、反嘴鹬、鹤鹬等。常见鸟类或优势鸟类几乎每次实习都能遇见，因此经过一段时间的反复观察，加上学生前期的鸟类学知识的准备，学生能很快地掌握常见鸟类的形态学特征。之后，指导老师应让学生结合生态学的一些理论问题去观察水鸟，如水鸟与环境的关系、不同水鸟的栖息位置及微生境、水鸟的生态位分化等。这样一方面使得实习内容更加丰富，另一方面有利于培养学生的综合能力。

（3）**实习总结会**　实习工作结束后，指导教师组织学生以小组为单位现场进行总结，巩固所获得的野外知识，交流实习工作中的经验，教师可以为学生准备实地物种识别和鸟类图片识别等多种形式的测试。布置实习报告相关事宜。

4.5 实习报告的规范

实习报告是对水鸟野外实习工作的总结性汇报。主要内容包括标题、摘要、关键词、引言、实习地区概况、研究方法、实习结果、讨论和展望、参考文献等部分。全文文字格式可按照论文发表格式撰写。

摘要　首先简单描述实习采用的方法、实习对象及目的，1~2句话即可，然后精确凝练实习结果，得出正确结论，最后提出合理的建议和展望。

关键词　4~5个即可，尽量不要与题目重复，应具有代表性和科学性，并易于检索。

引言　对水鸟实习进行一个综述，并提出本次实习的目的与意义。

实习地区概况　介绍实习地点的气候条件、地理环境和生物资源等，重点介绍实习路线具体的生境类型、样线和样点范围和条数等信息。因为不同湖区鸟类组成的差异与其环境密切相关，因此详细介绍不同湖区或样点、样线的具体环境非常必要，同时也为后面的讨论打下基础。因为讨论中涉及的物种差异与样线生境类型的差异密切相关。

研究方法　详细介绍本次实习的调查方法（如样线法、样点法、样线和样点相结合）；重点介绍调查工具、具体时间、频次、样线设置；介绍分类、居留型等信息的参考依据。最后介绍本次实习报告运用到的数据处理方法，如多样性参数的计算、统计的方法及其软件。注意实习中未运用的方法不可在研究方法中描述。

实习结果　对本次实习结果进行系统性整理，包括各样线和样点的水鸟物种数、种群数量、优势种和多样性指数等。图文并茂，能较好地展示实习结果。描述图表中的数据时应高度总结，将图表中重要的信息描述清楚即可，不需要将图表所有数据列出，也不能不加比较和总结地一个样线一个样线将数据罗列出来。注意同样的数据不能同时用图和表来展示，可以用图或表独立展示。结果中一般不要包含文献。

讨论 讨论内容可以按照结果的内容顺序，物种数、重点保护动物、优势种、多样性参数等，不一定全部都要讨论，选择需要的方面进行重点对比讨论，得出结论。写作思路可以先与附近类似生境的鸟类研究的结果进行对比，然后对比实习期间不同湖区的鸟类差异，结合环境因子作出解释，得出相应的结论。比如讨论物种数，可以先将本次实习的物种数与以往该地区或邻近地区发表论文的物种数进行比较，结合不同地区的环境因子进行分析，解释为什么不同地区鸟类物种数有差异，得出一般性结论。又比如讨论优势种，可以与以往该地区或邻近地区发表论文的优势种的种类进行对比，结合不同地区环境因子和优势种的生境偏好解释优势种异同的原因，得出一般性结论。

参考文献 按一定规范，列出参考文献，注意文献作者、题目、发表年份、卷、期、页码等要素的准确性和标号、点号的规范性和统一性。本章范例参考文献规则采用《信息与文献 参考文献著录规则》（GB/T 7714—2015）。

4.6 实习报告范例

鄱阳湖国家级自然保护区水鸟实习报告

学生姓名：×××

（江西师范大学生命科学学院，江西南昌，330022）

摘要 2019年1月，江西师范大学生命科学学院组织18级生物科学专业学生在江西省九江市永修县吴城镇进行了动物学野外实习，运用样点法和样线法对鄱阳湖国家级自然保护区水鸟多样性进行调查。本次实习共记录水鸟7目12科25种，其中国家Ⅰ级重点保护鸟类4种：白鹤 *Grus leucogeranus*、白头鹤 *Grus monacha*、白枕鹤 *Grus vipio* 和东方白鹳 *Ciconia boyciana*，国家Ⅱ级重点保护鸟类2种：灰鹤 *Grus grus* 和白琵鹭 *Platalea leucorodia*。冬候鸟是鄱阳湖国家级自然保护区水鸟主要组成成分，共记录到冬候鸟20种（80%），其次是留鸟3种（12%）。从地理区系看，古北界鸟类 18 种、广布种 6 种和东洋界鸟类 1 种，分别占 72%、24% 和 4%。鄱阳湖国家级自然保护区的优势种为白琵鹭、白骨顶 *Fulica atra*、东方白鹳和红嘴鸥 *Chroicocephalus ridibundus*，表明调查区域是很多国家重点保护鸟类的重要栖息地，应该很好的保护。本次实习的不同样线或样点之间的物种组成、物种数和优势种均存在较大差异，这与其微生境的多样性有关。本次动物学野外实习，将课堂理论与野外实践相结合，提升了实践能力和科学素养，也提高了科学研究的兴趣。

关键词　鄱阳湖；野外实习；水鸟；生物多样性

1 实习目的与意义

　　动物学野外实习是高等院校生物学相关专业教学中不可缺少的实践课程，可培养学生实践能力和生物科学素养[1-2]。2021 年 1 月，江西师范大学生命科学学院组织 2018 级生物科学专业的学生于鄱阳湖国家级自然保护区开展水鸟实习。本次实习内容主要包括水鸟的分类与野外鉴定、水鸟的计数、水鸟生态习性观察、标本馆参观、水鸟实习报告的撰写方法等。通过鄱阳湖保护区水鸟数量及生态习性的实践，我们初步掌握了水鸟分类鉴定方法，水鸟的集群计数方法及生态习性的观察方法。结合动物生物学的理论知识，我们能更加深入地理解鸟类与环境的相互关系，以及水鸟在湿地生态系统的重要作用和地位，极大地提高了生态保护意识。

2 实习地区概况

　　江西鄱阳湖国家级自然保护区位于江西省北部，鄱阳湖西北部，赣江与修河交汇于此，以永修县吴城镇为中心，辖大湖池、中湖池和朱市湖等 9 个子湖泊[3]。鄱阳湖国家级自然保护区是东亚 – 澳大利西亚候鸟迁徙路线上最重要的越冬地之一，每年有大量的水鸟在此越冬与停歇，有 27 种在此越冬的水鸟种群数量超过其全球种群数量的 1%[4]。鄱阳湖国家级自然保护区属亚热带湿润季风型气候区，年均气温为 17.1 ℃，最冷月 1 月平均为 4.5 ℃，年平均降水量为 1 426 mm，年平均日照时达 1 970 h[3]。由于鄱阳湖水位的季节性变动，冬季水位下降，形成众多的浅水洼地、泥滩和草洲，吸引大量的候鸟在此越冬，且湖泊湿地视野开阔，是开展鸟类实习的理想地点。

3 研究方法

3.1 调查方法

2021 年 1 月，采用样线和样点相结合的方法，借助双筒望远镜（8×）和单筒望远镜（20~60×）对鄱阳湖国家级自然保护区内既定的样点与样线进行观察。样线法即沿样线以 2 km/h 左右的速度步行观察，记录见到和听到的鸟类种类和数量。常湖池等视野开阔的湖区则采用样点法。鸟类分类依据《中国鸟类分类与分布名录（第 3 版）》[5]，居留型和区系主要参照《江西主要湿地鸟类资源与区系分析》[6] 和《江西水鸟多样性与越冬生态研究》[7]。

3.2 样线规划

样线法和样点法是鸟类调查中最常用的方法，此次实习综合各种因素，规划了 1 个样点和 4 条样线。

样点：常湖池观鸟台。包括草洲、泥滩、浅水、深水等生境。

样线 1：吴城鄱阳湖国家级自然保护区管理局，经菜市场，至赣江岸堤。包括居民区、人工湖、库塘、浅水等生境。

样线 2：吴城鄱阳湖国家级自然保护区管理局，经荷溪渡口，至中湖池西侧。包括草洲、泥滩、浅水、深水等生境。

样线 3：吴城鄱阳湖国家级自然保护区管理局，经西垄口，至朱市湖。包括居民区、人工湖、农田、草洲、泥滩、浅水、深水等生境。

样线 4：吴城鄱阳湖国家级自然保护区管理局，经荷溪渡口，至中湖池东侧。包括草洲、泥滩、浅水、深水等生境。

3.3 数据处理

鸟类群落多样性采用 Shannon-Wiener 多样性指数计算，公式为：

$$H' = -\sum_{i=1}^{S} P_i \log_2 P_i \tag{1}$$

均匀度的测度采用 Pielou 均匀度指数计算，公式为：

$$J' = H' / H_{\max} \tag{2}$$

最大多样性指数为：

$$H_{\max} = \log_2 S \qquad (3)$$

种群数量等级划分采用 Berger-Parker 优势度指数计算，公式为：

$$P_i = N_i / N \qquad (4)$$

其中式（1）中，H' 为 Shannon-Wiener 多样性指数；P_i 表示第 i 个物种个体数占此次调查中所有物种个体总数的比例。式（2）~（3）中，J' 表示 Pielou 均匀度指数；$H_{\max}$ 表示 Shannon-Wiener 多样性指数的最大值；S 为物种数。式（4）中，N_i 为第 i 个物种个体数；N 为所有物种个体总数；将 $P_i \geqslant 0.1$ 的物种计为优势种[8]。

4 实习结果

4.1 物种组成

本次实习共记录水鸟 7 目 12 科 25 种 2 341 只。其中，鸻形目种类最多（7 种），鹤形目次之（6 种）；总数量以鹈形目最多（672 只），鹤形目次之（535 只）。本次实习共记录国家 I 级重点保护鸟类 4 种：白鹤 *Grus leucogeranus*、白头鹤 *Grus monacha*、白枕鹤 *Grus vipio* 和东方白鹳 *Ciconia boyciana*，国家 II 级重点保护鸟类 2 种：灰鹤 *Grus grus* 和白琵鹭 *Platalea leucorodia*。常湖池样点记录到的鸟类个体数最多（996 只），样线 1 记录到的数量最少（22 只），其他样线所记录的数量为 300 ~ 700 只（表 1）。

表 1 鄱阳湖国家级自然保护区记录的水鸟数量与分布

种名	样点/只	样线1/只	样线2/只	样线3/只	样线4/只
一、雁形目 ANSERIFORMES					
（一）鸭科 Anatidae					
1. 豆雁 *Anser fabalis*	2	2			9
2. 绿翅鸭 *Anas crecca*	8				
3. 绿头鸭 *Anas platyrhynchos*	2	1			
4. 斑嘴鸭 *Anas Zonorhuncha*	1	1	13		
5. 凤头潜鸭 *Aythya fuligula*			6		5

续表

种名	样点/只	样线1/只	样线2/只	样线3/只	样线4/只
二、䴙䴘目 PODICIPEDIFORMES					
（二）䴙䴘科 Podicipedidae					
6. 小䴙䴘 *Tachybaptus ruficollis*		10	75		60
7. 凤头䴙䴘 *Podiceps cristatus*			25		
三、鹤形目 GRUIFORMES					
（三）鹤科 Gruidae					
8. 白鹤 *Grus leucogeranus*	13			6	
9. 白枕鹤 *Grus vipio*				5	
10. 灰鹤 *Grus grus*					3
11. 白头鹤 *Grus monacha*			2	37	
（四）秧鸡科 Rallidae					
12. 黑水鸡 *Gallinula chloropus*		2	5	2	
13. 白骨顶 *Fulica atra*			300		160
四、鸻形目 CHARADRIIFORMES					
（五）反嘴鹬科 Recurvirostridae					
14. 反嘴鹬 *Recurvirostra avosetta*	200		7		6
（六）鸻科 Charadriidae					
15. 凤头麦鸡 *Vanellus vanellus*			2		
16. 长嘴剑鸻 *Charadrius placidus*		2			
（七）鹬科 Scolopacidae					
17. 鹤鹬 *Tringa erythropus*			3		
18. 白腰草鹬 *Tringa ochropus*		2			
19. 矶鹬 *Actitis hypoleucos*		1			
（八）鸥科 Laridae					
20. 红嘴鸥 *Chroicocephalus ridibundus*			93		145
五、鹳形目 CICONIIFORMES					
（九）鹳科 Ciconiidae					
21. 东方白鹳 *Ciconia boyciana*	250			152	
六、鲣鸟目 SULIFORMES					
（十）鸬鹚科 Phalacrocoracidae					
22. 普通鸬鹚 *Phalacrocorax carbo*			70		11

续表

种名	样点/只	样线1/只	样线2/只	样线3/只	样线4/只
七、鹈形目 PELECANIFORMES					
(十一)鹮科 Threskiornithidae					
23. 白琵鹭 *Platalea leucorodia*	500		6	111	
(十二)鹭科 **Ardeidae**					
24. 苍鹭 *Ardea cinerea*	20		7	9	2
25. 白鹭 *Egretta garzetta*		1	3		13

4.2 居留型与区系

冬候鸟（20 种）是鄱阳湖国家级自然保护区水鸟的主体，留鸟（3 种）次之，分别占总物种数的 80% 和 12%。冬候鸟中以白琵鹭、东方白鹳、白骨顶和反嘴鹬居多；留鸟中以小䴙䴘数量较多。区系方面，古北界种类（18 种）最多，占 72%，广布种 6 种，东洋界 1 种，分别为 24% 和 4%（表 2）。

表 2 鄱阳湖国家级自然保护区水鸟居留型与区系组成

	留鸟	夏候鸟	冬候鸟	旅鸟	总计	比例/%
东洋种	0	1	0	0	1	4
古北种	0	0	17	1	18	72
广布种	3	0	3	0	6	24
总计	3	1	20	1	25	100
比例/%	12	4	80	4	100	

4.3 优势种

本次实习记录到的优势种为白琵鹭（617 只）、白骨顶（460 只）、东方白鹳（402 只）和红嘴鸥（238 只）。其他数量较多的物种有反嘴鹬（213 只）、小䴙䴘（145 只）。不同样线的优势种存在较大差异，小䴙䴘在 3 个样线/点为优势种，白骨顶、红嘴鸥和白琵鹭则在 2 个样线/点为优势种（表 3）。

表3 不同样点、样线的优势种及其占比

	样点	样线1	样线2	样线3	样线4	合计
小䴙䴘 *Tachybaptus ruficollis*		45.5%	12.2%		14.5%	
白头鹤 *Grus monacha*				11.5%		
白骨顶 *Fulica atra*			48.6%		38.6%	19.6%
反嘴鹬 *Recurvirostra avosetta*	20.0%					
红嘴鸥 *Chroicocephalus ridibundus*			15.1%		35.0%	10.2%
东方白鹳 *Ciconia boyciana*	25.1%			47.2%		17.2%
普通鸬鹚 *Phalacrocorax carbo*			11.3%			
白琵鹭 *Platalea leucorodia*	50.2%			34.5%		26.4%

4.4 多样性

本次实习期间在4条样线中，个体数差异较大，最低22只，最高996只。物种数除样线2为15种外，其他都在7～10种。样线1的多样性指数最高（2.59），样线3的多样性指数最低（1.76）。样线1的均匀度指数最高（0.82），样点的均匀度指数最低（0.56）。其他3条样线的均匀度指数（0.62～0.64）相差较小（表4）。

表4 不同样点、样线间的多样性指数比较

	样点	样线1	样线2	样线3	样线4
个体数 / 只	996	22	617	322	414
物种数	9	9	15	7	10
多样性指数	1.76	2.59	2.41	1.79	2.13
均匀度指数	0.56	0.82	0.62	0.64	0.64

5 讨论

5.1 物种组成

此次实习调查共记录水鸟7目12科25种，约占江西省水鸟物种数目的15.2%[7]。与鄱阳湖地区其他调查相比，较鄱阳湖三个垦殖场51种水鸟[9]和共青城市鄱阳湖区35种水鸟[10]少，与都昌候鸟保护区27种水鸟[11]相近。本次调查种类偏少是因为实习时间较短，且调查范围并没有覆盖鄱阳湖国家级自然保护区全部范围，仅设置了常湖池 1 个样点和吴城镇周围的 4 条样线，样线距离较短。因此，本次调查的时间和空间尺度均不能反映鄱阳湖国家级自然保护区水鸟物种组成的全貌。

5.2 优势种

本次调查的优势种为白琵鹭、白骨顶、东方白鹳和红嘴鸥，而在鄱阳湖其他地区的调查中优势种多为雁鸭类（鸿雁 *Anser cygnoid*、豆雁 *Anser fabalis*、白额雁 *Anser albifrons* 和小天鹅 *Cygnus columbianus*）和鸻鹬类（鹤鹬、反嘴鹬）[9, 12]。这是因为本次实习地点的生境与其他地区有较大区别，雁鸭类为植食性鸟类，偏好草洲生境，而此次调查的常湖池、朱市湖、赣江岸堤等地的草洲生境比例极低，中湖池虽然有一定面积的草洲，但草洲出露时间较长，草本植物的适口性差，故不为雁鸭类所利用。鸻鹬类偏好大面积的泥滩、浅水的生境，本次调查中此类生境较少，中湖池、赣江岸堤几乎没有大片的泥滩。朱市湖虽有泥滩、浅水生境，但面积太小，不能为大量的鸻鹬类提供充足的食物资源和栖息环境。所以本次调查虽然记录到了多种鸻鹬类鸟类，但数量不多，未成为优势种。

5.3 不同样线间的比较

样线或样点间的微生境差异较大，凤头䴙䴘、凤头麦鸡、鹤鹬仅在样线 2 出现，长嘴剑鸻、白腰草鹬、矶鹬仅在样线 1 出现。样线 3 的路线最长，且生境类型丰富，但其物种数目少于样线 2，这是由于样线 3 中农田生境占大部分，农田生境的水鸟多样性明显低于湖泊的浅水与草洲。白琵鹭和东方白鹳两种大型涉禽均为常湖池样点和样线 3 的优势种，这是因为常湖池和样线 3 中的朱市湖生境相似，湖面有广阔的浅水，适于大型涉禽的栖息。样线 4 与样线 2 生境相似，样线 2 的物种数多于样线 4，并基本包含样线 4 的物种，在以后实习样线规划中可以考虑舍弃样线 4，选择新的样线。样线 3 虽然物种数目不多，但是其分布有白鹤、白枕鹤、白头鹤等珍稀鸟类，应在以后实习中予以重视。

6 结语

在本次水鸟实习中，我们走进鄱阳湖国家级自然保护区，领略了大自然的美景，波光粼粼的鄱阳湖水、展翅高飞的白鹤、快步取食的鹤鹬都让我印象深刻。更重要的是通过此次实习，我对课本上的理论知识有了更直观的理解，我们不应该只限于学习教材上的理论知识，而是要做到理论与实践相结合。有的知识只有实际使用过才能内化，比如对鸟类物种进行识别和水鸟多样性的野外调查方法。此外，本次实习也让我对生物与环境的关系有了更深层次的理解，生物与环境是相辅相成、相互影响的，而人类对环境的影响使得不少生物正处于濒危状态。我们需要提高环境保护意识，走可持续发展之路，拥抱绿色美好的生活。最后特别感谢老师和学长学姐在实习中给予的指导与帮助。

参考文献

[1] 邓利. 动物学野外实习指导 [M]. 广州：华南理工大学出版社，2011.

[2] 吾登，秦瑞坪. 基于生物科学野外实习教学模式改革的思考 [J]. 产业与科技论坛，2020，19(24)：163-165.

[3] 余定坤，徐志文，刘威，等. 江西鄱阳湖国家级自然保护区子湖泊越冬水鸟多样性及变化趋势 [J]. 生态与农村环境学报，2020，36(11)：1403-1409.

[4] 刘鹏，孙志勇，刘俊，等. 鄱阳湖鸟类研究现状与保护对策 [J]. 野生动物学报，2017，38(4)：675-681.

[5] 郑光美. 中国鸟类分类与分布名录 [M]. 3 版. 北京：科学出版社，2017.

[6] 邵明勤，蒋剑虹，石文娟，等. 江西主要湿地鸟类资源与区系分析 [J]. 生态科学，2014，33(4)：723-729.

[7] 邵明勤，植毅进. 江西水鸟多样性与越冬生态研究 [M]. 北京：科学出版社，2019.

[8] 马克平，刘玉明. 生物群落多样性的测度方法 I：α 多样性的测度方法（下）[J]. 生物多样性，1994，2(4)：231-239.

[9] 何文韵，邵明勤，植毅进，等. 鄱阳湖三个垦殖场的水鸟多样性 [J]. 生态学杂志，2019，38(9)：2765-2771.

[10] 戴年华，邵明勤，蒋剑虹，等. 江西共青城市鄱阳湖区域非繁殖期鸟类多样性初步研究 [J]. 江西师范大学学报（自然科学版），2014，38(1)：19-25.

[11] 吴庆明，孙雪莹，黄显，等. 江西都昌保护区越冬水鸟群落多样性及种多度 [J]. 生命科学研究，2017，21(5)：417-423.

[12] 植毅进，伊剑锋，刘威，等. 鄱阳湖南矶湿地国家级自然保护区越冬水鸟监测 [J]. 生态学杂志，2020，39(7)：2400-2407.

第**5**章 江西水鸟本科论文指导

当今社会对大学生创新能力的要求越来越高，培养创新型人才是高等教育面临的一个共同任务，大学生科研能力训练和创新能力培养成为大学本科教学的核心问题之一。创新能力和科研素养的培养应该贯穿本科生培养的全过程。其中本科论文的指导是培养本科生创新能力和科学素养的重要环节。在水鸟本科论文指导过程中应注重"理论－实践－科研"三位一体的理念，根据指导教师主持的科研项目，设计本科论文选题，综合提高本科生的创新思维和科研素养。本科生通过本科论文的实施，可掌握开展科研工作的一般过程和思路。本科论文工作量要求相对较少，主要培养本科生阅读文献、整理文献、设计研究方法、开展课题和论文写作的能力。本科论文一般在大四一年内完成，但基础训练如文献阅读、实验技能培训可以在低年级如大二、大三开展。这样可以更好地提升本科生的科研思维能力和创新能力。

5.1 本科论文选题

指导教师可以根据本科论文的工作量确定论文题目，主要供大四本科生选择，其他年级的学生也可以不同程度参与。根据本科生能够参与科研的时间长短，确定本科论文题目的时间和空间尺度，一般不宜太大。江西有鄱阳湖和五河水系以及人工生境（水稻田、藕塘、芡实地、池塘、沟渠等），适合本科生开展的研究有水鸟多样性和水鸟生态习性等。

5.1.1 水鸟多样性

一般来讲，如果时间充裕，可以选择某一地区多年（每年调查 1～3 次）的鸟类多样性调查作为本科论文选题。本科生可在大二开始参与研究工作，每年利用一定的时间进行本科论文数据的收集，或在大四开始系统地进行数据收集，结合往年实验室在该地区积累的水鸟多样性数据完成本科毕业论文。如果时间尺度小，可以在空间尺度上适当加大，如不同地区同一季节的鸟类多样性作为本科论文的选题。具体来讲，时间可以是一个或多个季节，也可以是 2~3 年的冬季或其他季节，或者将季节分成繁殖期和非繁殖期（迁飞期和越冬期）。地点一般可以是一个地区的某些湖泊、河段、池塘、水田等；也可以是一个或多个保护区等。

水鸟不丰富的区域（如河道水鸟数量和种类一般比较有限），如果单纯选择水鸟作为本科论文研究对象，会导致调查鸟类种类和数量太少，本科论文写作困难，这种情况可以选择整个鸟类（水鸟和陆生鸟类）多样性进行研究，如赣江某河段鸟类多样性分析。水鸟丰富的区域，如鄱阳湖区，适合选择水鸟多样性的题目：①鄱阳湖南矶湿地自然保护区越冬水鸟多样性的年际动态（每年调查 1~2 次，分析不同年份各水鸟类群的时间动态规律）；②鄱阳湖南矶湿地自然保护区越冬水鸟多样性（可以一个越冬期调查 3~4 次，每次 2~3 天）；③鄱阳湖南矶湿地自然保护区越冬水鸟的空间动态（可以分析一个季节不同时期水鸟在各个湖泊的空间分布规律，也可以分析不同年份水鸟空间分布规律）。

5.1.2 水鸟种群数量与生态习性

水鸟种群数量与生态习性的研究对象可以选择种群数量稳定，易于观察的濒危或国家重点保护物种（如中华秋沙鸭、鸳鸯、白鹤、东方白鹳等）；也可以选择栖息位点基本固定，种群数量较大的物种如鄱阳湖区的鸿雁、豆雁、反嘴鹬、鹤鹬等。指导教师确定本科论文的研究对象时，要对研究对象开展过前期工作，避免论文中途无法开展。研究内容可以包括种群数量、行为时间分配与节律、栖息地选择、取食行为等。研究地区可以选择整个大的研究地区（如鄱阳湖区），或选择某一个点（如鄱阳湖区吴城镇的大湖池），或选择某个保护区（如五星白鹤保护小区），或选择某一特定生境（如藕塘）。水鸟种群数量与生态习性方向的论文选题如：①鄱阳湖区藕塘生境中白鹤的取食行为；②鄱阳湖区鸿雁的种群数量分布与取食行为；③五星白鹤保护小区水雉的繁殖生态；④鄱阳湖区鸿雁与豆雁的取食行为与生态位分化；⑤鄱阳湖区 6 种中小型鸭科鸟类的行为时间分配与取食行为；⑥鄱阳湖区鸻鹬类的数量分布与取食行为等。

5.2 本科论文的实验设计与开展

本科论文的实验设计与开展步骤如下：

（1）**文献阅读与整理**　指导教师布置选题，本科生选择感兴趣的题目，然后查阅相关文献，阅读文献，定期学术交流，以及导师和研究生联动指导，巩固本科生基础理论知识。文献阅读、整理和互相交流后，本科生可以初步掌握某一领域的研究动态和提升其理论创新能力。

（2）**文献综述写作**　教师指导学生阅读和整理文献，写出对应的文献综述。

（3）**研究方法与内容的设计、修改与完善**　教师指导学生进行论文的研究方法和内容的设计，经过反复修改完善，形成可行的研究方案。

（4）**实验数据收集**　学生按照研究方案进行本科论文数据的收集，开始可以在导师或研究生的帮助下收集，中后期应独立采集数据。

（5）**数据处理和图表制作**　录入收集的实验数据，对数据进行方差分析、主成分分析等的处理。根据研究目标进行论文图表的制作。

5.3　本科论文的写作

收集完论文数据后，指导教师可以组织学生集中进行本科论文的写作。指导教师在指导学生完成论文的过程中，应始终贯彻科研诚信教育：要树立诚信意识，弘扬科学精神、恪守诚信规范。切实做到严谨、真实分析研究数据和报道研究结果，严禁伪造、虚构、篡改研究数据；严禁抄袭和剽窃他人研究成果；严禁代写、代发论文。

本科毕业论文一般包括封面（含题目、作者姓名与单位、指导教师姓名与职称、完成日期等信息）、中文摘要与关键词、英文摘要与关键词、目录、引言、研究地区与方法、结果、讨论、参考文献、致谢等 10 个部分。收集完论文数据后，指导教师可以组织学生集中进行本科论文的写作，提醒学生注意以下几点：①每个部分应包含哪些必要的内容，如摘要应包含研究地区、方法、对象、结果、结论等内容；②图表制作要规范，图表标题的位置，并必须在正文中提及；③文献在文中和文章最后的格式规范；④用词科学性和概括性；⑤写作思路即文章图表和文字描述呈现的先后顺序；⑥讨论的写作技巧等。

本科论文初稿常出现的问题包括：①文章结构不完整，缺少一些内容如参考文献等。整体格式较乱，特别是文献标注和参考文献的格式。整篇论文也没有经过很好地排版。②摘要中大部分篇幅是描述研究意义或地区等，而不是将重点放在自己研究的结果和结论上。摘要大都为描述性文字，缺乏重要的数据。③论文思路较乱，特别是引言和讨论经常出现前后句没有任何联系。④引言没有展示本文研究内容的相关研究动态，也没有明确的目标。⑤研究地区仅介绍大的区域的气候及动植物环境，未描述具体的研究地点的微生境。⑥结果中图和表展示的同一组数据，应删除图或表，用一种方式表达。⑦讨论没有按照结果的思路来，比较随意，也没有围绕引言中的重要观点开展。讨论应该按照结果的思路，选择几个可以得出一般性结论的观点，与其他已发表的相关研究结果进行对比分析，得出一般性结论。

5.4 参考文献的著录规范

文献在文中的标注方法包括顺序编码制与著者 – 出版年制。顺序编码制即按照文献在文中出现的先后顺序，对文献进行连续编码，并用上标表示。同一处引用多篇文献，应将多篇文献的顺序号列出，表示不同文献顺序的数字用逗号隔开，如数字连续则用短横线连接（示例 1）。论文最后的参考文献顺序也是按照文献在文中出现先后的顺序列出。本书范例的两篇本科论文的文献标注均采用顺序编码制。论文最后列出的参考文献的标题后面出现 [J][M][D][N]，分别表示期刊、图书、学位论文、报纸。

【示例 1】

鸟类的取食行为表现为获得和处理食物的相关活动，包括搜寻、获取和处理食物等 [1]。鸟类的取食策略通常分为视觉取食、触觉取食和混合取食（即根据环境变化，可交替使用视觉取食和触觉取食的鸟类）三类 [2]，取食策略通常与其取食方式（探取 probe、啄取 peck、扫取 sweep 等）相对应 [3]。鸟类取食行为研究较多，如鸡形目 Galliformes[1,4]，鹦形目 Psittaciformes[5]，鹳形目 Ciconiiformes[6] 等。

参考文献

[1] 罗旭，艾怀森，韩联宪. 高黎贡山白尾梢虹雉取食行为及春季取食地特征 [J]. 西南林学院学报，2010，30(6)：64-67.

[2] Santos C D, Miranda A C, Granadeiro J P, et al. Effects of artificial illumination on the nocturnal foraging of waders[J]. Acta Oecologica, 2010, 36(2): 166-172.

[3] Maria P D, Jose P G, Jorge M P. Searching behaviour of foraging waders: does foraging success influence their walking[J]. Animal behaviour, 2009, 77(5): 1203-1209.

[4] 张正旺，尹荣伦，郑光美. 笼养黄腹角雉繁殖期取食活动性的研究 [J].

动物学研究，1989(4)：333-339.

[5] 杨晓君，文贤继，王淑珍，等. 笼养大紫胸鹦鹉取食活动 [J]. 动物学研究，2000，21(2)：115-120.

[6] 鲍伟东，罗小勇，孟志涛，等. 北京地区黑鹳越冬期的取食行为 [J]. 动物学杂志，2006，41(5)：57-61.

　　著者 – 出版年制指文中引用文献的标注采用"作者 + 年份"的格式，并置于括号内。如果文献为 2 名作者，采用"（两个作者 + 年份）"；如果超过三个作者一般采用"（第一作者 + 等 + 年份）"的格式，英文文献多个作者的"等"用"et al."表示。同一处引用多个文献，用一个括号，不同文献列出后用分号隔开，按照文献的年份先后顺序排列。引用同一作者在同一年份的多篇文献时，在文献的年份后加上 a，b，c 等。著者 – 出版年制的文献在文后的顺序是按照作者姓氏的字母拼音先后排列。中英文文献分开单独列出（示例 2）。

【示例 2】

　　行为时间分配和活动节律是鸟类行为学研究中十分重要的内容，其行为模式会随环境发生变化。鸟类行为模式及其影响因素的研究，可以了解鸟类应对不同环境的生存策略。鸭科鸟类越冬期的行为多以取食和休息（静息）为主，如中华秋沙鸭（*Mergus squamatus*）（邵明勤等，2010；易国栋等，2010；曾宾宾等，2013）、白眼潜鸭（*Aythya nyroca*）（赵序茅等，2013a）和白头硬尾鸭（*Oxyura leucocephala*）（赵序茅等，2013b）均以取食行为最多，红头潜鸭（*Aythya ferina*）（查林松等，2013）、青头潜鸭（*Aythya baeri*）（张琦等，2020）、鸳鸯（*Aix galericulata*）（Zhi et al.，2019）、夏威夷鸭（*Anas wyvilliana*）（Malachowski et al.，2018）则以休息行为最多。

参考文献

邵明勤，章旭日，戴年华，等. 2010. 中华秋沙鸭冬季行为初步分析 [J]. 四川动物，29(6)：984-985.

易国栋, 杨志杰, 刘宇, 等. 2010. 中华秋沙鸭越冬行为时间分配及日活动节律 [J]. 生态学报, 30(8): 2228-2234.

张琦, 李浙, 吴庆明, 等. 2020. 河南民权湿地公园青头潜鸭越冬行为模式及性别差异 [J]. 生态学报, 40(19): 7054-7063.

曾宾宾, 邵明勤, 赖宏清, 等. 2013. 性别和温度对中华秋沙鸭越冬行为的影响 [J]. 生态学报, 33(12): 3712-3721.

查林松, 宋洋, 王睿姝, 等. 2013. 齐齐哈尔机场红头潜鸭秋季昼间行为时间分配节律与鸟击防治 [J]. 野生动物, 34(4): 198-201.

赵序茅, 马鸣, 张同. 2013a. 白眼潜鸭秋季行为时间分配及活动节律 [J]. 动物学杂志, 48(6): 942-946.

赵序茅, 马鸣, 张同, 等. 2013b. 白头硬尾鸭行为时间分配及日活动节律 [J]. 生态学杂志, 32(9): 2439-2443.

Malachowski C P, Dugger B D. 2018. Hawaiian duck behavioral patterns in seasonal wetlands and cultivated taro[J]. Journal of Wildlife Management, 82(4): 840-849.

Zhi Y J, Shao M Q, Cui P, et al. 2019. Time budget and activity rhythm of the Mandarin Duck *Aix galericulata* in the Poyang Lake watershed[J]. Pakistan Journal of Zoology, 51(2): 725-730.

5.5 本科论文范例 1——水鸟生态习性研究方向

鄱阳湖藕塘生境中白鹤取食行为的初步研究

摘要 2016 年 12 月—2017 年 2 月和 2017 年 12 月—2018 年 1 月, 采用焦点动物法对鄱阳湖藕塘生境中白鹤 (*Grus leucogeranus*) 的取食行为进行观察, 共记录 577 只次成鹤和 313 只次幼鹤的取食行为。结果表明, 白鹤取食的栖息水深为 19.15 ± 8.16 cm ($n = 739$), 取食次数为 11.85 ± 4.38 次 /min ($n = 890$), 取食成功次数为 2.02 ± 1.83 次 /min ($n = 890$), 取食成功率为 $18.01\% \pm 19.22\%$ ($n = 890$)。白鹤在不同栖息水深下的取食次数存在极显著差异 ($\chi^2 = 35.410$, $df = 4$, $P = 0.000$)。其中, 白鹤在 Ⅱ、Ⅲ 级水深下的取食次数均显著低于 Ⅴ 级水深, Ⅱ 级水深下的取食次数显著低于 Ⅳ 级水深, 这可能因为深水区取食难度增加或要克服形态学上的限制, 导致取食次数显著上升。不同时段的取食次数、取食成功次数和取食成功率均无显著差异，这是因为白鹤在藕塘生境中主要以触觉取食，光线对取食没有影响。成鹤取食次数（$\chi^2 = 6.523$，$df = 1$，$P = 0.011$）和取食成功次数（$\chi^2 = 3.870$，$df = 1$，$P = 0.049$）均显著高于幼鹤，这可能由于成鹤除维持自身能量支出外，还需要花费更多的能量用于捕食和警戒行为。成、幼鹤在取食成功率上无显著差异，这与多数研究认为幼鹤觅食经验不足，觅食成功率低的观点不同。

关键词 藕塘生境；白鹤；取食行为；水深

Preliminary study on foraging behavior of Siberian cranes in lotus pond habitat of Poyang Lake

Abstract From December 2016 to February 2017 and December 2017 to January 2018, foraging behaviors of 577 individual-times adult Siberian cranes (*Grus leucogeranus*) and 313 individual-times juvenile Siberian cranes in lotus pond habitat of Poyang lake were observed with focus animal method. The results showed that the habitat depth of crane was 19.15±8.16 cm ($n = 739$), the foraging frequency was 11.85±4.38 times/min ($n = 890$), foraging success was 2.02±1.83 times/min ($n = 890$), and the foraging success rate was 18.01±19.22 % ($n = 890$). The foraging times of crane in different water depths had significant difference ($\chi^2 = 35.410$, $df = 4$, $P = 0.000$). The foraging frequency of Siberian cranes in II and III water depths was significantly lower than that in V water depth, and that in II water depth was significantly lower than that in IV water depth, which may be caused by increasing foraging difficulty or overcoming morphological constraints to obtain food in deep water areas. There was no significant difference in foraging frequency, foraging success rate and foraging success rate among different periods, because Siberian cranes mainly fed by tactile sense in lotus pond habitat, light had no obvious effects on foraging. The foraging times ($\chi^2 = 6.523$, $df = 1$, $P = 0.011$) and foraging success times ($\chi^2 = 3.870$, $df = 1$, $P = 0.049$) of adult cranes were significantly higher than those of subadult cranes, which may be due to the fact that adult Siberian cranes need more nurture and vigilance behavior besides their own energy expenditure. There was no significant difference in foraging success rate of adult Siberian cranes, which was different from most studies that subadult Siberian cranes had insufficient foraging experience and low foraging success rate.

Keywords lotus pond habitat; Siberian cranes; foraging behavior; water depth

目录

1 引言

鸟类的取食行为表现为获得和处理食物的相关活动，包括搜寻、获取和处理食物等[1]。鸟类的取食策略通常分为视觉取食、触觉取食和混合取食（即根据环境变化，可交替使用视觉取食和触觉取食的鸟类）三类[2]，取食策略通常与其取食方式（探取 probe、啄取 peck、扫取 sweep 等）相对应[3]。鸟类取食行为研究较多，如鸡形目（Galliformes）[1,4]，鹦形目（Psittaciformes）[5]，鹳形目（Ciconiiformes）[6]等。研究内容涉及食物丰富度、食物大小、时段、性别、年龄、天气和集群大小等与取食行为的关系。研究表明，当鸟类遇到食物丰富的斑块时，通常会延长在该斑块中的停留时间，放慢步行率和提高啄食率、摄食率和取食速度[1,7]，如黑腹滨鹬（*Calidris alpina*）在发现高密度猎物斑块后会改变它们的觅食策略，将能量摄取率提高至原来的 2.9 倍[8]。黑鹳对不同食物大小的取食花费时间存在显著差异，可能有主动选择食物大小的行为[6]。不同时段也会影响鸟类取食行为，如黄腹角雉（*Tragopan caboti*）的雌鸟在交配前后的取食量也会呈现明显差异，交配后的取食量明显增加[4]。黑颈鹤（*Grus nigricollis*）雌鸟在产卵前期为了获取成功繁殖的能量而增加取食[9]。袁凯芳等（2014）通过对白鹤的调查发现，幼鹤的取食时间显著高于成鹤。家庭鹤的取食时间显著低于集群鹤，这是因为随着群体增大，群体发现天敌攻击的概率增加导致群体中成员的警戒水平下降（捕食假说）[10-11]，因此集群白鹤可以减少警戒时间，增加取食时间。天气对白鹤取食行为的影响表现在晴天的取食时间会显著低于阴天的取食时间，这是由于晴天加强警戒，导致取食时间缩短[12]。

白鹤（*Grus leucogeranus*）隶属于鹤形目（Gruiformes）鹤科（Gruidae），为中国珍稀大型涉禽，国家Ⅰ级重点保护鸟类，全球数量 3 500～4 000 只，IUCN 将其列为极度濒危物种[13-14]。目前白鹤的研究主要集中在食性[15]，觅食地特征[16-17]，时间分配与行为节律[18]。现有研究表明，鹤类主要以植食性为主，以植物根茎为食[15]，白鹤栖息地与水深和食物资源相关，白鹤在较深或较浅的水域，数量均较少[16]。由于越冬初期的食物数量较多，质量较高，因此越冬初期可能是白鹤补充能量的关键阶段[19]。天气晴朗、人为干扰会增加白鹤的警戒行为，集群白鹤较单个白鹤花费更多时间用于觅食[12]。但有关人工生境（藕塘）中白鹤取食行为的专题研究未见报道。藕塘生境中的白鹤主要取食残留在底泥中的藕和其他植物的根茎，食物种类组成与自然生境存在较大区别。本研究通过对鄱阳湖区五星垦殖场藕塘生境中白鹤的取食行为进行观察，目的在于：①掌握白鹤在藕塘生境中的取食行为特征；②分析栖息水深、时段和年龄对白鹤取食行为的影响。本研究结果可为鄱阳湖区白鹤越冬种群保护和人工生境的管理提供重要的科学依据。

2 研究区域与方法

2.1 研究区域概况

鄱阳湖（115°49′—116°46′E，28°11′—29°51′N）位于长江中游和下游交界处，长江南岸，江西北部，是中国第一大淡水湖[17]。属亚热带季风气候，气候温和，雨量充沛，光照充足，无霜期长，多年平均气温为 16.5 ~ 17.8 ℃，最低（1 月）日平均气温为 4.4 ℃，冬季多偏北风，夏季多西南风或偏东风，多年平均风速 1.8 ~ 2.7 m/s，年平均降水量为 1 450 ~ 1 550 mm，年日照时间 1 885 h[21-22]。鄱阳湖是东亚迁徙水鸟极其重要的越冬场所，每年非繁殖期可为 50 万 ~ 60 万只水鸟提供栖息场所，除大量的雁鸭类、䴙䴘类外，还有数量较多的鹤类、鹳类等濒危物种[23]，包括世界上约 95% 的白鹤和 80% 以上的东方白鹳种群[24]。本次研究地区五星垦殖场毗邻鄱阳湖畔，位于五星垦殖场第二十一大队周边的藕塘中。鄱阳湖五星垦殖场创建于 1962 年，由鄱阳湖围垦而成。现总面积 52 km²，耕地（藕田、稻田等）面积超过 30 km²[18]。五星垦殖场藕塘收获后留有大量的莲藕根茎，为越冬白鹤提供了丰富的食物资源。藕塘中白鹤的数量由早期的几十只增加至 2016 年冬季的 1 200 只左右，最高数量超过全球白鹤种群总数量的 1/4，是白鹤数量最多的人工生境。本次观测点选在视野开阔、白鹤数量多的藕塘。

2.2 研究方法

2.2.1 调查方法

2016 年 12 月—2017 年 2 月和 2017 年 12 月—2018 年 1 月，借助单筒望远镜（SWAROVSKI，20 ~ 60 ×），采用焦点动物法对鄱阳湖藕塘生境中白鹤的取食行为进行观察，每隔 10 min 记录 1 次成鹤的取食行为，每 20 min 记录 1 次幼鹤的取食行为。记录内容包括栖息水深、取食次数、取食成功次数。

栖息水深的记录方法如下。将成年白鹤的腿分 5 个等级：Ⅰ级（< 1/3 跗跖）、Ⅱ级（1/3 ~ 2/3 跗跖）、Ⅲ级（2/3 ~ 1 跗跖）、Ⅳ级（跗跖关节 ~ 1/2 胫骨）和 Ⅴ级（> 1/2 胫骨）。根据动物志的平均量度，将上述白鹤栖息位置的 5 个等级换算成栖息水深，每个等级水深范围的中值为平均水深（表 1）。

记录为 1 次取食行为以下列任一标准为依据：①白鹤的喙进入水面寻找食物开始，至喙离开水面，②喙埋入水中表层，但出现明显停顿或吞咽动作，③当白鹤出现啄食泥土翻找食物，喙频繁出入水面时，以出现明显停顿记作 1 次。

记作 1 次取食成功以掷头吞咽或喉咙发生运动伴随着吞咽为依据。

根据当地冬季日照实际情况，将一天中的记录时间分为上午（7:00—

11:00）、中午（11:00—14:00）和下午（14:00—17:00）三个时段。此次调查共记录了 577 只次成鹤和 313 只次幼鹤的取食行为。

表 1 鄱阳湖藕塘生境中白鹤的栖息水深
Table 1 Inhabiting water depth of Siberian cranes in lotus pond of Poyang lake

水深级别	栖息水深	水深范围 /cm	平均水深 /cm
I	< 1/3 跗跖	0 ~ 8.5	4.25
II	1/3 ~ 2/3 跗跖	8.6 ~ 17	12.8
III	2/3 ~ 1 跗跖	17.1 ~ 25.5	21.3
IV	跗跖关节 ~ 1/2 胫骨	25.6 ~ 30.5	28.05
V	> 1/2 胫骨	30.6 ~ 35.5	33.05

2.2.2 数据处理

采用 Kolmogorov-Smironov 对所有数据进行正态分布拟合检验，大部分数据呈非正态分布。因此本文选用 Kruskal-Wallis H 检验（多独立样本）方法进行统计分析[25]，分别检验取食次数、取食成功次数和取食成功率（1 min 内成功取食次数 / 总取食次数）的差异。用卡方分析成幼鹤取食成功次数与失败次数的差异。文中数据表示为平均数 ± 标准差（$x \pm SE$），显著性水平设置为 $\alpha = 0.05$。所有统计分析均借助 SPSS 21.0 和 Excel 2013 完成。

3 结果

鄱阳湖藕塘生境中，白鹤栖息水深为 19.15 ± 8.16 cm（$n = 739$），取食次数为 11.85 ± 4.38 次 /min（$n = 890$），取食成功次数为 2.02 ± 1.83 次 /min（$n = 890$），取食成功率为 $18.01\% \pm 19.22\%$（$n = 890$）。

3.1 栖息水深对白鹤取食行为的影响

本研究可作为水深对白鹤取食行为影响分析的有效数据为 747 只次（I：50 只次；II：302 只次；III：188 只次；IV：123 只次；V：84 只次）。其中，II 级水位下的取食次数最少（10.52 ± 3.89 次 /min），I 级最多（12.73 ± 4.35 次 /min）。Kruskal-Wallis H 检验结果表明，不同栖息水深下白鹤的取食次数存在极显著差异（$\chi^2 = 35.410$，$df = 4$，$P = 0.000$）。其中，Ⅱ级水深的白鹤取食次数极显著低于Ⅰ级（$\chi^2 = 14.711$，$df = 1$，$P = 0.000$）、Ⅳ级（$\chi^2 = 18.961$，$df = 1$，$P = 0.000$）和Ⅴ级（$\chi^2 = 17.802$，$df = 1$，$P = 0.000$），Ⅲ级水深的白鹤取食次数极显著低于Ⅴ级（$\chi^2 = 8.867$，$df = 1$，$P = 0.003$）。不同水深下的白鹤取食成功次数（$\chi^2 = 6.685$，$df = 4$，$P = 0.154 > 0.05$）和取食成功率（$\chi^2 = 4.216$，$df = 4$，$P = 0.278 > 0.05$）无显著差异（图1）。

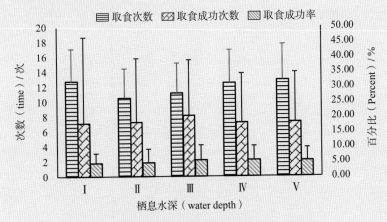

图1 鄱阳湖藕塘中白鹤在不同栖息水深下的取食行为参数

Fig. 1 Foraging behavior parameters of Siberian cranes in lotus pond of Poyang lake under different water depths

3.2 时段对白鹤取食行为的影响

本研究可作为时段对白鹤取食行为影响分析的有效数据为880只次，在不同时段记录到的白鹤数量分别为：上午249只次、中午282只次和下午349只次。Kruskal-Wallis H检验结果表明，不同时段白鹤的取食次数（$\chi^2 = 0.032$，$df = 2$，$P = 0.984 > 0.05$）、取食成功次数（$\chi^2 = 2.144$，$df = 2$，$P = 0.347 > 0.05$）、取食成功率（$\chi^2 = 1.433$，$df = 2$，$P = 0.489 > 0.05$）均无显著差异（图2）。

3.3 年龄对白鹤取食行为的影响

本研究可作为年龄对白鹤取食行为影响分析的有效数据为890只次，其中成鹤577只次，幼鹤313只次。Kruskal-Wallis H检验结果表

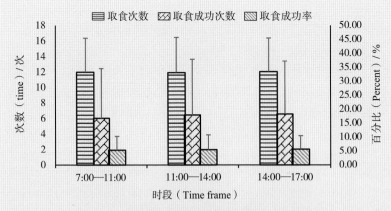

图 2 鄱阳湖藕塘中白鹤在不同时段下的取食行为参数

Fig. 2 Foraging behavior parameters of Siberian cranes in lotus pond of Poyang lake during different periods

明，成鹤取食次数显著高于幼鹤（$\chi^2 = 6.523$，$df = 1$，$P = 0.011$），取食成功次数也显著高于幼鹤（$\chi^2 = 3.870$，$df = 1$，$P = 0.049$），成、幼鹤的取食成功率无显著差异（$\chi^2 = 2.422$，$df = 1$，$P = 0.120 > 0.05$）（表 2）。卡方检验也表明，成鹤取食成功次数显著高于幼鹤（$P = 0.013 > 0.05$）（表 3）。

表 2 鄱阳湖藕塘中成幼鹤的取食行为参数

Table 2 Foraging behavior parameters of adult and subadult Siberian cranes in lotus pond of Poyang lake

年龄	取食次数 / 次	取食成功次数 / 次	取食成功率 /%
成体（$n = 577$）	12.17 ± 4.31	2.15 ± 1.94	18.70 ± 18.24
幼体（$n = 313$）	11.27 ± 4.44	1.77 ± 1.58	16.99 ± 20.86

表 3 鄱阳湖藕塘中成幼鹤的取食成功次数与失败次数

Table 3 Foraging success and failure times of adult and subadult Siberian cranes in lotus pond of Poyang lake

年龄	取食成功次数 / 次	取食失败次数 / 次	P
成体（$n = 577$）	1 236	5 761	0.013
幼体（$n = 313$）	557	2 981	

4 讨论

4.1 栖息水深对白鹤取食行为的影响

水深是限制水鸟栖息地利用的最重要因子，还能影响水鸟的取食行为和取食能耗[26]。本次藕塘生境中白鹤取食的栖息水深范围为 19.15 ± 8.16 cm，与鄱阳湖自然生境的白鹤（20.4 ± 7 cm）相似，表明白鹤在不同生境下具有类似的栖息水深。白鹤取食水深低于东方白鹳（*Ciconia boyciana*）（30.7 ± 4.8 cm）和白琵鹭（*Platalea leucorodia*）的栖息水深（$28.1 \sim 36.6$ cm）[26-29]，表明中大型涉禽间取食的栖息水深存在差异。本研究中白鹤在Ⅱ、Ⅲ级水深下的取食次数均显著小于Ⅴ级水深，原因可能有2个：①白鹤在较高栖息水深下，搜寻食物的难度增加，导致其需要增加取食次数来确保获取到足够的食物，维持自身所需能耗；②由于形态学上的限制，白鹤在较深的栖息水深下能力偏弱[26]，但又要充分利用食物资源，白鹤要克服限制，在较高的栖息水深下，需要增加取食次数来保证成功获取食物。而Ⅰ级水深的取食次数也较多，可能是由于浅水区的食物因消耗而变得相对稀少，白鹤需要增加取食次数，满足取食成功次数，从而满足能量需求。在不同栖息水深下，白鹤的取食成功次数和取食成功率均无显著差异，表明白鹤的适应能力较强，能够适应变化的环境，以满足自身的能量需求。

4.2 时段对白鹤取食行为的影响

涉禽的取食策略包括视觉取食、触觉取食和混合取食[2]，白鹤在草洲多为视觉取食，在浅水则以触觉取食为主。本研究中白鹤在上午、中午和下午三个时段的取食次数、取食成功次数和取食成功率均无显著差异。这可能因为藕塘中的植物根茎大多埋于底泥中，并且藕塘内水质与鄱阳湖自然生境内浅滩附近的浅水域相比更浑浊，导致白鹤直接通过视觉啄取食物的难度增加，因此白鹤需要使用触觉取食策略进行取食。因此，本研究中白鹤在各个时段中的取食参数均无显著差异，表明光线对白鹤取食行为没有影响。

4.3 年龄对白鹤取食行为的影响

成鹤取食次数和成功次数均显著高于幼鹤，这可能因为成鹤除维持自身能量支出外，还需要花费更多的能量对幼鹤进行辅食和加强警戒，确保幼鹤在安全的环境下取食 [12,30]。幼鹤的能量除了靠自身取食获取外，还可依靠成鹤的辅食，因此较低的取食次数和成功次数仍能满足其自身的能量需求。成幼鹤在取食成功率上无显著差异，这是因为幼鹤取食次数和成功次数均低于成鹤。多数研究认为，幼鹤处于生长发育期，由于觅食经验不足，觅食成功率低，需要花费更多的取食次数来补偿食物的总获取量 [18]。本文研究结果则表明，幼鹤的取食次数和成功次数均较成鹤低，取食成功率与成鹤类似。经初步调查也发现，成、幼鹤的单次取食时间也无显著差异。这些事实说明，幼鹤能量需求中的一部分需要靠成鹤的辅食来提供，而不是靠自己多次取食来补偿。成幼鹤的取食成功次数与失败次数的显著差异，也表明成鹤的取食能力强于幼鹤。

参考文献

[1] 罗旭，艾怀森，韩联宪. 高黎贡山白尾梢虹雉取食行为及春季取食地特征 [J]. 西南林学院学报，2010, 30(6)：64-67.

[2] Santos C D, Miranda A C, Granadeiro J P, et al. Effects of artificial illumination on the nocturnal foraging of waders[J]. Acta Oecologica, 2010, 36(2): 166-172.

[3] Maria P D, Jose P G, Jorge M P. Searching behaviour of foraging waders: does foraging success influence their walking[J]. Animal behaviour, 2009, 77(5): 1203-1209.

[4] 张正旺，尹荣伦，郑光美. 笼养黄腹角雉繁殖期取食活动性的研究 [J]. 动物学研究，1989(4)：333-339.

[5] 杨晓君，文贤继，王淑珍，等. 笼养大紫胸鹦鹉取食活动 [J]. 动物学研究，2000, 21(2)：115-120.

[6] 鲍伟东，罗小勇，孟志涛，等. 北京地区黑鹳越冬期的取食行为 [J]. 动物学杂志，2006，41(5)：57-61.

[7] Fortin D. Searching behavior and use of sampling information by free ranging bison (*Bos bison*)[J]. Behavioral Ecology & Sociobiology, 2003, 54(2), 194-203.

[8] Santos C D, Saraiva S, Palmeirim J M. How do waders perceive buried prey with patchy distributions? The role of prey density and size of patch[J]. Journal of Experimental Marine Biology & Ecology, 2009, 372(1): 43-48.

[9] 邝粉良. 黑颈鹤越冬初期的觅食行为和产卵前后行为的性别差异 [D].

昆明：西南林学院，2008.

[10] Delm M M. Vigilance for predators: detection and dilution effects[J]. Behavioral Ecology and Sociobiology, 1990, 26(5): 337-342.

[11] Poweel G V N. Experimental analysis of the social value of flocking by starlings (*Sturnus vulgaris*) in relation to predation and foraging[J]. Animal Behaviour, 1974, 22(2): 501-505.

[12] 袁芳凯，李言阔，李凤山，等. 年龄、集群、生境及天气对鄱阳湖白鹤越冬期日间行为模式的影响 [J]. 生态学报，2014，34(10)：2608-2616.

[13] 郑光美. 世界鸟类分类与分布名录 [M]. 北京：科学出版社，2002.

[14] 单继红，马建章，李言阔，等. 近十年来鄱阳湖区越冬白鹤种群数量与分布 [J]. 动物学研究，2012，33(4)：355-361.

[15] 宫蕾. 安徽沿江湖泊越冬白头鹤（*Grus monacha*）觅食生态的研究 [D]. 合肥：安徽大学，2013.

[16] 吴建东，李凤山，Burnham J. 鄱阳湖沙湖越冬白鹤的数量分布及其与食物和水深的关系 [J]. 湿地科学，2013，11(3)：305-312.

[17] 孙志勇，黄晓凤. 鄱阳湖越冬白鹤觅食地特征分析 [J]. 动物学杂志，2010，45(6)：46-52.

[18] 邵明勤，龚浩林，戴年华，等. 鄱阳湖围垦区藕塘中越冬白鹤的时间分配与行为节律 [J]. 生态学报，2018，38(14)：5206-5212.

[19] 李言阔，钱法文，单继红，等. 气候变化对鄱阳湖白鹤越冬种群数量变化的影响 [J]. 生态学报，2014，34(10)：2645-2653.

[20] 蒋剑虹，戴年华，邵明勤，等. 鄱阳湖区稻田生境中灰鹤越冬行为的时间分配与觅食行 33 为 [J]. 生态学报，2015，35(2)：270-279.

[21] 王圣瑞. 鄱阳湖生态安全 [J]. 北京：科学出版社，2014.

[22] 戴年华，邵明勤，蒋剑虹，等. 江西共青城市鄱阳湖区域非繁殖期鸟类多样性初步研究 [J]. 江西师范大学学报（自然科学版），2014，38(1)：19-25.

[23] Shao M Q, Jiang J H, Hong G, et al. Abundance, distribution and diversity variations of wintering water birds in Poyang Lake, Jiangxi Province, China[J]. Pakistan Journal of Zoology, 2014, 46(2): 451-462.

[24] 崔鹏，夏少霞，刘观华，等. 鄱阳湖越冬水鸟种群变化动态 [J]. 四川动物，2013，32(2)：292-296.

[25] 吕九全，李保国. 秦岭川金丝猴的昼间活动时间分配 [J]. 兽类学报，2006，26(1)：26-32.

[26] 张笑辰，金斌松，陈家宽，等. 鄱阳湖四种水鸟的栖息地利用与水深和食物的关系 [J]. 动物学杂志，2014，49(5)：657-665.

[27] Santiago-Quesada F, Masero J A, Albano N, et al. Roost location and landscape attributes influencing habitat selection of migratory waterbirds in rice fields[J]. Agriculture, Ecosystems and Environment, 2014, 188: 97-102.

[28] Sullender B K, Barzen J, Silbernagel J. Foraging success and habitat selection of the Eurasian spoonbill (*Platalea leucorodia*) at Poyang Lake, China[J]. Waterbirds, 2016, 39(4): 356-364.

[29] Ivana N. Niche dynamics of shorebirds in Delaware Bay: Foraging behavior, habitat choice and migration timing[J]. Acta Oecologica, 2016, 75: 68-76.

[30] 李忠秋，王智，葛晨. 盐城灰鹤（*Grus grus*）越冬种群动态及行为观察 [J]. 动物学研究，2013，34(5)：453-458.

致谢（略）

5.6 本科论文范例2——水鸟多样性研究方向

鄱阳湖白沙洲自然保护区越冬水鸟多样性监测

摘要 为了解鄱阳湖白沙洲自然保护区越冬水鸟动态，结合以往数据，作者分析了白沙洲6年的水鸟动态。2015—2020年，每年1月采用样区直数法对鄱阳湖白沙洲自然保护区（简称白沙洲）18个样区的水鸟进行1次监测。共记录水鸟7目12科47种，累计87 433只。雁形目种类占绝对优势，其个体数占水鸟总数量的75.33%。本次研究共记录国家Ⅰ级重点保护鸟类4种：白鹤 *Grus leucogeranus*、白枕鹤 *G. vipio*、东方白鹳 *Ciconia boyciana* 和黑鹳 *C. nigra*，国家Ⅱ级重点保护鸟类5种。这些结果表明，白沙洲保护区在鄱阳湖濒危水鸟和水鸟多样性的保护上发挥着重要作用。水鸟数量和物种数主要由雁形目和鸻形目鸟类组成，雁形目水鸟数量呈上升趋势，鸻形目水鸟数量波动大且呈下降趋势，推测这种现象与保护区水位变化有关，表明鸻鹬类更难适应水位的变化。鸊鷉类、鹤类、鸭鹬类、鸥类的年际变化曲线类似，这是因为它们都主要取食鱼类和偏爱具一定深度的水域，表明它们的生态需求类似。鹤类和䴙䴘类的数量高峰与低谷正好与上述4种水鸟类群相反，表明这些水鸟的生态需求差异较大。本次共记录优势种6种，以雁形目鸟类为主，其中豆雁 *Anser fablis* 是连续6年的优势种。监测的6年中，物种数（31~38种）变化不大，数量（7 313~21 883只）变化明显，这一结果表明，即使水位发生变化，大部分水鸟也可以找到合适的生境，而部分类群适宜的生境减少，导致数量大幅下降。2020年多样性指数和均匀度指数均为6年中最低，主要因为豆雁占绝对优势（44.38%）。白沙洲水鸟资源丰富，对鄱阳湖区水鸟保护具有重要意义。本文最后提出了水鸟保护的建议。

关键词 鄱阳湖；水鸟；白沙洲保护区；多样性；水位

Diversity monitoring of wintering water birds in the Baishazhou Nature Reserve of Poyang Lake

Abstract We analyzed dynamics of water birds for 6 years in Baishazhou Nature Reserve based on the past data. In the January of each year from 2015 to 2020, a survey of water birds in 18 sample areas of the Baishazhou Nature Reserve in Poyang Lake was conducted to learn about wintering water birds dynamics of Baishazhou Nature Reserve using the direct count method. A total of 87 433 water bird individuals belonging to seven orders, 12 families, and 47 species were recorded. The Anatidae had the highest number of species and accounted for 75.33% of all water birds sampled. Siberian crane *Grus leucogeranus*, White-naped crane *G. vipio*, Oriental white stork *Ciconia boyciana*, and black stork *C. nigra* are listed in the first category of China's nationally protected bird species list, and five other species are listed in the second category. This indicates that Baishazhou Nature Reserve is rich in waterbird resources and plays an important role in the protection of endangered water birds and maintenance of waterbird diversity. Anatidae and shorebirds made up the main components of water birds. Over the study period, Anatidae numbers tended to increase, while shorebirds had drastic fluctuations and a declining trend related to water levels in the nature reserve. This result indicates that it is more difficult for shorebirds to adapt to varying water levels. Cormorants, storks, grebes, and gulls mainly feed on fish and have similar annual number variation curves. They have similar ecological requirements and all prefer open water areas of a certain depth. The peak and trough of crane and shorebird numbers are opposite to those of the four waterbird groups mentioned above, indicating that these birds have differing ecological requirements. Six dominant species were recorded; most belonging to the Anatidae. The bean goose *Anser fabalis* was the dominant species in all 6 years. The number (31～38species) of species showed little variation; however, the number (7 313～21 883 individuals) of individuals varied markedly over the 6 years of monitoring. This result indicates that most birds could find suitable habitats, even when drastic changes in water levels occurred, and that the decline of some species may have been due to the loss of suitable habitats. The diversity index and evenness index of water birds in the Baishazhou Nature Reserve were lowest in 2020, which is related to the absolute dominance (44.38%) of bean goose in that year. The Baishazhou Nature Reserve has rich water bird resources and plays an important role in bird conservation. This paper also gave some suggestions about water bird conservation.

Keywords Poyang Lake; water birds; Baishazhou Nature Reserve; diversity; water level

目录

1 引言

  湿地作为地球上重要的生态系统，具有丰富的生物多样性，不仅为鸟类提供了良好的繁殖与越冬场所，而且为人类生存与可持续发展积淀坚实的物质基础[1-2]。水鸟多样性是监测湿地质量重要的生物指标，可为生物多样性保护管理提供有价值的建议[3-4]。鄱阳湖湿地位于长江中下游，是我国重要的淡水湖泊和中国乃至亚洲较大的水鸟越冬地之一[5]，也是东亚–澳大利西亚航线上迁徙水鸟的中途停留点，每年有大量的水鸟在这聚集越冬或停留[6]。鄱阳湖越冬水鸟的最高纪录超过50万只，是众多候鸟的越冬地，为水鸟提供了一个良好的生境[7]。如白鹤 *Grus leucogeranus* 是全球极度濒危物种，其98%的种群（3 800～4 000只）在鄱阳湖越冬[8]。为了保护鄱阳湖湿地生态系统，1997年至2003年，该地区建立了14个自然保护区。物种丰富度数据的变化可衡量生物多样性保护的水平[9]。因此，鄱阳湖越冬水鸟多样性的动态监测对水鸟保护和保护区生境管理具有重要意义。鄱阳湖鸟类的研究内容大多集中在水鸟种群动态[10-11]、区系与居留型[12]、水鸟行为节律[13-14]、生境变化对水鸟群落的影响[15-16]和不同生境的鸟类多样性[17-18]。研究表明，鄱阳湖湿地面积大，具有大部分水鸟适合的生境，水鸟资源非常丰富。越冬期的生境和气候条件会影响水鸟的越冬行为，如藕塘生境中水深对白鹤的取食行为存在显著影响[13]。李言阔等（2020）则认为，三峡大坝开始运行以来，湖泊的水文状况发生了变化，这可能会影响沉水植物的生长，增加越冬水鸟食物短缺的风险[19]。因此，对越冬水鸟进行长期的监测，探索越冬水鸟长期变化规律及其与环境因子的关系则变得尤为重要。但是大多鄱阳湖区越冬水鸟多样性的研究周期较短，不能很好地反映出鄱阳湖水鸟的动态特征。本文在鄱阳湖白沙洲自然保护区设立18个样区，对保护区2015—2020年的水鸟群落动态做系统研究。旨在①掌握鄱阳湖白沙洲自然保护区水鸟资源；②掌握鄱阳湖白沙洲自然保护区水鸟多样性动态，初步揭示水鸟动态与水位变动的关系。本文结果可为鄱阳湖区水鸟的有效保护和科学管理提供基础数据，以便制定合理的水鸟保护对策。

2 研究地区与方法

2.1 研究地区

鄱阳湖（115°49′—116°46′E，28°11′—29°51′N）是我国最大的淡水湖，位于长江中下游，江西省北部，湖泊北端与长江相连接。研究地区内气候属于亚热带季风气候，气候温湿，四季降水分配不均，水位季节变化较大[20]。鄱阳湖湿地生态系统条件优越，适合多种水生生物生存，为鄱阳湖鸟类提供了丰富的食物资源，营造良好的栖息环境[21-22]。每年 10 月至翌年 3 月为枯水期，枯水期水位变浅，露出广阔的草洲和泥滩，为越冬候鸟提供了丰富的食物资源。鄱阳湖白沙洲自然保护区（116°23′—116°44′E，28°56′—29°13′N）地处江西省鄱阳县中腹，位于鄱阳湖主湖区东部，是鄱阳湖区东部越冬水鸟的主要栖息地之一。本次调查共选取了 18 个样区，分别为企湖 1、企湖 2、内珠湖、金山湖、车门、荣七村、内珠湖赵家村、外珠湖蒋家村、罗潭、南疆湖、汉池湖南、聂家、小鸣湖、大莲子湖 1、大莲子湖 2、云湖、四望湖和大鸣湖。

2.2 鸟类调查方法

2015—2020 年，每年 1 月采用样区直数法对鄱阳湖白沙洲自然保护区的水鸟进行调查（2019—2020 年数据为本文作者收集。2015—2018 年数据来自本文作者指导教师课题组收集数据）。借助双筒望远镜（SWAROVSKI，8×）和单筒望远镜（SWAROVSKI，20~60×），观察和记录样区约 1 km 范围内的水鸟种类和数量，水鸟的计数方法采用精确计数法和估算法相结合，数量较小的群体采用精确计数法，较大的群体采用"集团统计法"。每个样点观测时间为 10~20 min，数量较多的样区观察时间适度延长。鸟类分类以《中国鸟类分类与分布名录（第 3 版）》为依据[23]。

2.3 数据处理方法

鸟类群落多样性采用 Shannon-Wiener 多样性指数计算，公式为：

$$H' = -\sum_{i=1}^{S} P_i \log_2 P_i \qquad (1)$$

均匀度的测度采用 Pielou 均匀度指数计算，公式为：

$$J' = H' / H_{max} \qquad (2)$$

最大多样性指数为：

$$H_{max} = \log_2 S \qquad (3)$$

群落优势度指数采用 Simpson 指数计算，公式为：

$$C = \sum_{i=1}^{S} P_i^2 \qquad (4)$$

数量等级划分采用 Berger-Parker 优势度指数计算，公式为：

$$P_i = N_i / N \qquad (5)$$

其中式（1）中，Shannon-Wiener 多样性指数用 H' 表示；每个保护区的第 i 个物种个体数占该年份所有物种个体总数的比例用 P_i 表示。式（2）~（3）中，Pielou 均匀度指数用 J' 表示；Shannon-Wiener 多样性指数的最大值用 H_{max} 表示；S 为物种数。式（4）中，C 为 Simpson 优势度指数。式（5）中，N_i 为第 i 个物种个体数；N 为所有物种个体总数；将 $P_i \geq 0.1$ 的物种计为优势种 [24]。

3 结果

3.1 物种组成

2015—2020 年共记录到水鸟 7 目 12 科 47 种，累计 87 433 只。本次监测的水鸟种类以雁形目（16 种）、鸻形目（15 种）和鹤形目（6 种）为主，分别占总种数的 34.04%、31.91% 和 12.77%；数量也以雁形目（65 864 只）、鸻形目（7 468 只）和鹤形目（6 947 只）鸟类为主，分别占总数量的 75.33%、8.54% 和 7.95%。个体数量最多的是豆雁 *Anser fabalis* 和小天鹅 *Cygnus columbianus*，分别为 24 911 只和 10 843 只，占 28.49% 和 12.40%。本次监测共记录国家 Ⅰ 级重点保护鸟类 4 种：白鹤、白枕鹤 *Grus vipio*、黑鹳 *Ciconia nigra* 和东方白鹳 *C. boyciana*；国家 Ⅱ 级重点保护鸟类 5 种：鸿雁 *A. cygnoid*、白额雁 *A. albifrons*、小天鹅、灰鹤 *G. grus* 和白琵鹭 *Platalea leucorodia*。2015—2020 年每年均有记录的水鸟 19 种，如国家重点保护水鸟白额雁、小天鹅、灰鹤、东方白鹳等，常见水鸟斑嘴鸭 *A. zonorhyncha*、小鸊鷉 *Tachybaptus ruficollis*、凤头鸊鷉 *Podiceps cristatus*、白骨顶 *Fulica atra*、凤头麦鸡 *Vanellus vanellus*、鹤鹬 *Tringa erythropus* 和苍鹭 *Ardea cinerea* 等（表 1）。

表1 鄱阳湖白沙洲自然保护区水鸟的年际变化（单位：只）

Table 1 Annual variation of waterbirds in the Baishazhou Nature Reserve of Poyang Lake (unit: individual)

种类 （括号内标注保护级别）	2015	2016	2017	2018	2019	2020	合计
一、雁形目 ANSERIFORMES							
（一）鸭科 Anatidae							
1. 鸿雁 *Anser cygnoid*（Ⅱ）	22	1 500	1 093	3 502	1 092	40	7 249
2. 豆雁 *Anser fablis*	2 021	2 253	996	3 789	6 141	9 711	24 911
3. 灰雁 *Anser anser*	55		296	900	1 323	320	2 894
4. 白额雁 *Anser albifrons*（Ⅱ）	695	2 700	44	205	208	1 445	5 297
5. 小天鹅 *Cygnus columbianus*（Ⅱ）	583	1 961	947	2 348	2 821	2 183	10 843
6. 翘鼻麻鸭 *Tadorna tadorna*				3		2	5
7. 赤麻鸭 *Tadorna ferruginea*	92	98	214	94	73	26	597
8. 罗纹鸭 *Mareca falcata*		77	608	150	83	89	1 007
9. 赤颈鸭 *Anas penelope*			45	25		40	110
10. 绿头鸭 *Anas platyrhynchos*		2	25	48		20	95
11. 斑嘴鸭 *Anas zonorhyncha*	310	113	960	2 216	1 053	2 034	6 686
12. 针尾鸭 *Anas acuta*				2			2
13. 绿翅鸭 *Anas crecca*		8	110	1 830	1 084	1 297	4 329
14. 红头潜鸭 *Aythya ferina*			270	900	90	390	1 650
15. 凤头潜鸭 *Aythya fuligula*				100		43	143
16. 普通秋沙鸭 *Mergus merganser*			8	1		37	46
二、䴙䴘目 PODICIPEDIFORMES							
（二）䴙䴘科 Podicipedidae							
17. 小䴙䴘 *Tachybaptus ruficollis*	226	312	25	67	154	69	853
18. 凤头䴙䴘 *Podiceps cristatus*	153	151	114	67	263	257	1 005
三、鹤形目 GRUIFORMES							
（三）秧鸡科 Rallidae							
19. 红脚田鸡 *Zapornia akool*	1	5	2		1	2	11
20. 黑水鸡 *Gallinula chloropus*	9	2		4	54	375	444

续表

种类 （括号内标注保护级别）	年份						合计
	2015	2016	2017	2018	2019	2020	
21. 白骨顶 *Fulica atra*	14	18	434	616	1 183	327	2 592
（四）鹤科 Gruidae							
22. 白鹤 *Grus leucogeranus*（Ⅰ）		4	6	2	6		18
23. 白枕鹤 *Grus vipio*（Ⅰ）	5		4			3	12
24. 灰鹤 *Grus grus*（Ⅱ）	446	271	578	985	749	857	3 886
四、鸻形目 CHARADRIIFORMES							
（五）反嘴鹬科 Recurvirostridae							
25. 反嘴鹬 *Recurvirostra avosetta*		58	3	7	69	126	263
（六）鸻科 Charadriidae							
26. 凤头麦鸡 *Vanellus vanellus*	287	31	155	501	149	212	1 335
27. 金眶鸻 *Charadrius dubius*							
28. 环颈鸻 *Charadrius alexandrinus*	18	30		46	2		96
（七）鹬科 Scolopacidae							
29. 扇尾沙锥 *Gallinago gallinago*			2				2
30. 鹤鹬 *Tringa erythropus*	256	10	387	731	146	14	1 544
31. 泽鹬 *Tringa stagnatilis*		1	3				4
32. 青脚鹬 *Tringa nebularia*	43	1	12	11	15	22	104
33. 白腰草鹬 *Tringa ochropus*		1	2		1	1	5
34. 矶鹬 *Actitis hypoleucos*				4	2	1	7
35. 青脚滨鹬 *Calidris temminckii*				1			
36. 黑腹滨鹬 *Calidris alpina*	30	30					60
（八）鸥科 Laridae							
37. 红嘴鸥 *Chroicocephalus ridibundus*	1 402	1 515	221	668	113	84	4 003
38. 西伯利亚银鸥 *Larus smithsonianus*		13	7	7	11	3	41

续表

种类 （括号内标注保护级别）	年份						合计
	2015	2016	2017	2018	2019	2020	
39. 黄腿银鸥 *Larus cachinnans*	8						8
五、鹳形目 CICONIFORMES							
（九）鹳科 Ciconiidae							
40. 黑鹳 *Ciconia nigra*（Ⅰ）	4	3			7	2	16
41. 东方白鹳 *Ciconia boyciana*（Ⅰ）	2	232	2	40	18	76	370
六、鲣鸟目 SULIFORMES							
（十）鸬鹚科 Phalacrocoracidae							
42. 普通鸬鹚 *Phalacrocorax carbo*	14	625	15	101	218	437	1 410
七、鹈形目 PELECANIFORMES							
（十一）鹮科 Threskiorothidae							
43. 白琵鹭 *Platalea leucorodia*（Ⅱ）	365	26		114	175	921	1 601
（十二）鹭科 Ardeidae							
44. 夜鹭 *Nycticorax nycticorax*				25	2	1	28
45. 苍鹭 *Ardea cinerea*	233	118	385	285	109	340	1 470
46. 大白鹭 *Egretta alba*	2	168	2	2	1	45	220
47. 白鹭 *Egretta garzetta*	17	9	24	22	57	31	160
合计	7 313	12 346	7 999	20 419	17 473	21 883	87 433

3.2 水鸟各生态类群的年际变化

2015—2020 年白沙洲保护区水鸟数量主要由雁鸭类决定，雁鸭类数量及物种数每年均最高，是保护区水鸟的重要类群，雁鸭类数量整体呈增长趋势，分别在 2017 年和 2019 年有小幅度下降，2020 年上升到最高峰。鸬鹚类、鹳类、鹮鹭类、鸥类种群数量年际变化趋势相似，2016 年达到最高峰，2017 年迅速下降至最低谷或较低状态，除鸥类外，其他类群之后逐步上升，鸥类上升后又降至较低水平。鹤类和鸻鹬类种群数量年际变化趋势相似，均在 2016 年达到最低谷，之后逐步上升至 2018 年的最高峰。鹭类 2017 年和 2020 年达到高峰。秧鸡类和琵鹭类在 2015—2017 年数量相对较低，之后逐步上升（图 1）。

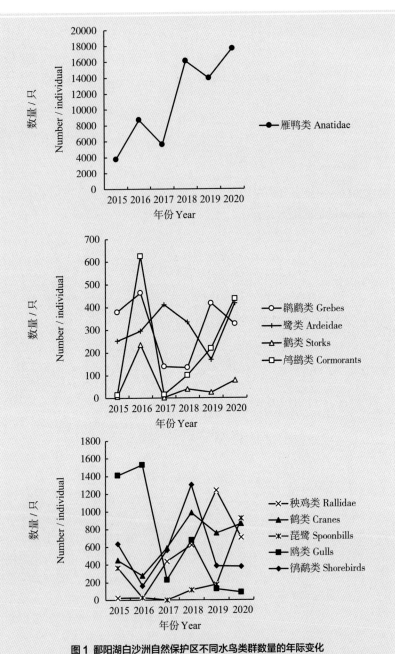

图 1 鄱阳湖白沙洲自然保护区不同水鸟类群数量的年际变化

Fig. 1 Annual variation of total number of different waterbird groups in the Baishazhou Nature Reserve of Poyang Lake

3.3 国家保护水鸟和优势种的年际变化

2015—2020年共记录国家重点保护鸟类9种，其中，鸿雁、白额雁、小天鹅、灰鹤和东方白鹳连续6年均有记录，除东方白鹳外其他物种的种群最大数量均超过500只。其中，小天鹅和灰鹤种群数量相对大而稳定，监测后三年均明显高于监测前三年的种群数量。鸿雁、白额雁和东方白鹳种群数量的年际波动较大。白鹤、白枕鹤和黑鹳等重点保护水鸟的种群数量极低（表1）。

某一物种的个体数超过记录个体总数10%的，该物种记录为优势种。2015—2020年共记录到优势种6种，其中仅豆雁在6年中均为优势种，是最稳定的优势种，尤其在2020年占绝对优势。鸿雁和小天鹅均为3年的优势种，是较为稳定的优势种。其他物种仅为1~2年的优势种（表2）。

表2 鄱阳湖白沙洲自然保护区优势种个体占比（%）

Table 2 The percentage of dominant species in the Baishazhou Nature Reserve of Poyang Lake (2015-2020)

物种	年份					
	2015	2016	2017	2018	2019	2020
鸿雁 *Anser cygnoid*		12.15	13.66	17.15		
豆雁 *Anser fablis*	27.83	18.25	12.45	18.56	35.15	44.38
白额雁 *Anser albifrons*		21.87				
小天鹅 *Cygnus columbianus*		15.88	11.84	11.50	16.14	
斑嘴鸭 *Anas zonorhyncha*			12.00	10.86		
红嘴鸥 *Chroicocephalus ridibundus*	19.30	12.27				

3.4 多样性参数

2015—2020年白沙洲自然保护区水鸟物种数变化不大。数量总体呈增长趋势，监测前三年的个体数量明显低于后三年，后三年平均值约为前三年的两倍。多样性指数和均匀度指数2017年最高，2020年最低；优势度指数与上述两个指数相反（表3）。

表3 鄱阳湖白沙洲自然保护区多样性参数及其年际变化

Table 3　The diversity index and its annual variation of waterbirds in the Baishazhou Nature Reserve of Poyang Lake

多样性参数	年份					
	2015	2016	2017	2018	2019	2020
物种数	31	33	34	37	34	38
个体数	7 313	12 346	7 999	20 419	17 473	21 883
多样性指数 H'	3.371	3.244	3.859	3.658	3.254	3.082
均匀度指数 J'	0.701	0.643	0.758	0.708	0.640	0.587
优势度指数 C	0.144	0.141	0.086	0.108	0.174	0.229

4　讨论

4.1　鸟类物种组成

本次在鄱阳湖白沙洲自然保护区共记录水鸟47种，低于鄱阳湖三个垦殖场51种[17]和鄱阳湖枯水期越冬水鸟68种[25]的记录，高于鄱阳湖南矶湿地的45种[26]和共青城市的38种[21]水鸟的记录。本次调查物种数偏少的原因主要是由于本次监测每年只进行一次，监测时间为每年水鸟稳定的越冬期，未能记录各样区的全部水鸟。如鄱阳湖枯水期越冬水鸟调查记录到的黑雁 Branta beernicla、花脸鸭 Sibirionetta formosa、赤膀鸭 Mareca strepera、青头潜鸭 Aythya baeri、白眼潜鸭 A. nyroca、棉凫 Nettapus coromandelianus 和中华秋沙鸭 Mergus squamatus 等水鸟，这些水鸟在白沙洲保护区未被记录。这也与上述水鸟数量较少，在鄱阳湖区遇见率极低有关。另外鄱阳湖区垦殖场记录的灰头麦鸡 Vanellus cinereus、金鸻 Pluvialis fulva 和林鹬 Tringa glareola 等过路或夏候鸟因调查时间的原因也未被记录。

保护区水鸟数量主要由雁形目和鸻形目水鸟组成，雁形目水鸟数量呈增长趋势，鸻形目水鸟数量波动较大且呈下降趋势。2015—2020年每年1月份鄱阳湖水位（7.8~10.7 m）变化较大，虽然雁形目和鸻形目水鸟与水位都没有显著相关性，但雁形目（$r=-0.179$）与水位的相关系数较鸻形目（$r=-0.52$）弱，这些结果表明鸻鹬类较雁鸭类对水位变化或微生境变化更为敏感，更易受到湖区环境变化的影响。生境变化会导致水鸟年际动态产生较大波动，这与崇明岛东滩地区水鸟时空动态相似 [27]。雁形目鸟类种类多样，有偏爱浅水和泥滩的小天鹅、鸿雁、豆雁等，也有偏爱深水区的各类潜鸭，还有浅水和深水均有一定适应能力的斑嘴鸭。鸻形目鸟类主要由鹤鹬、凤头麦鸡组成，它们主要偏爱浅水和泥滩等生境。鸻形目主要鸟类种类少，生态位明显较雁形目鸟类窄，因此，鸻形目鸟类对水位变化的适应能力较小。鸬鹚类、鹳类、鹮鹭类、鸥类都与水位无显著的相关性，但除鸥类外，其他 3 个类群与水位的相关系数（0.373～0.497）类似，因此它们的年际变化曲线类似，均 2016 年达到最高峰，2017 年迅速下降至最低谷或较低状态，表明这些水鸟类群对生境的需求类似。这四种鸟类类群都主要取食鱼类，因此要求栖息生境具有一定的水深供鱼类生存，2016 年 1 月份水位为 6 年来最高与其对应的这些水鸟数量最高也说明这些类群需要一定的水深。鹤类和鸻鹬类都偏爱泥滩或较浅的水域，它们与水位都无显著相关性，但相关系数类似，分别为 -0.483 和 -0.52，因此它们年际变化曲线类似。偏爱相对较深的水鸟（鸬鹚类、鹳类、鹮鹭类、鸥类）与偏爱泥滩、草洲或浅水的鹤类和鸻鹬类的数量高峰和低谷正好相反，也说明了这两类水鸟的生态需求差异较大。2017—2018 年水鸟个体总数变化较其他年份大，大部分物种个体数变化也最大，说明 2017—2018 年保护区生境变化较大，这是因为 2017 年 1 月份水位偏高（9.6 m），2018 年水位（8.3 m）相对合适，合适的水位促进适宜生境更为多样化，使得保护区内雁鸭类种类更加多样，数量也明显增加。豆雁个体数较其他物种变化大，在 2019—2020 年种群数量增加了 3 570 只，而豆雁在其他年份也保持较高的种群数量，表明豆雁适应能力较强，2019 年豆雁数量低也与当年超过 10 m 的高水位有关。

4.2 保护鸟类和优势种的年际变化

本次记录国家重点保护鸟类 9 种，与东洞庭湖 8 种和安徽沿淮湖泊湿地的 9 种类似 [28-29]。记录的保护物种也具有一定相似性，如白额雁、小天鹅和灰鹤等，这是因为江西省与周边省份气候和湿地类型相似。本次记录的保护水鸟种数也与鄱阳湖其他地区如共青城 [21]、鄱阳湖垦殖场 [17] 相似。鄱阳湖白沙洲自然保护区每年均能记录到 7～8 种国家重点保护水鸟，表明该保护区在国家重点水鸟的保护上中发挥着极其重要的作用。

本次共记录优势水鸟 8 种，与鄱阳湖区其他地区优势种较为相似 [17,26]，主要为雁鸭类。但鄱阳湖南矶湿地、康山和都昌等地区的鸻鹬类如鹤鹬、反嘴鹬和黑腹滨鹬 *Calidris alpina* 等在个别年份也成为优势种，这些水鸟在白沙洲均有记录，但是这些水鸟数量相对较少，未能成为优势种。这可能与白沙洲保护区的水位有关，适合鸻鹬类栖息觅食的生境（大面积的浅水区）较少。水位变化通过改变食物条件来影响水鸟的年际分布动态，这与东洞庭湖植食性雁类监测结果相似[30]。本文优势种与周边省份的水鸟优势种也具有一定的差异性，如武汉沉湖秋冬季优势种为豆雁、普通鸬鹚和黑腹滨鹬等[31]，普通鸬鹚在白沙洲保护区每年也有较多记录，但未能成为优势种，这是由于保护区豆雁和小天鹅等水鸟数量相对较大，占绝对优势。本研究地区不同年份优势种差异较大，2016—2018年，物种分布均匀，每个优势种的比例均在10%~22%，每年优势种4~5种。2015年和2019—2020年由于豆雁占绝对优势，豆雁每年比例在27.83%~44.38%，因此优势种种类明显减少，物种分布极不均匀。豆雁在6年中均为优势种，江西周边省份也发现豆雁是很多湿地的优势种[31-32]，说明豆雁较其他雁形目鸟类更适合江西及周边省份的湖泊生境。

4.3 水鸟多样性

监测的6年中，物种数变化不大，个体数却在监测后期（2018—2020年）增加迅速，说明不同年份保护区微生境变化大。本文结果也表明，即使发生较大的水位变化，大部分水鸟还是可以找到合适的生境，但因为不同生态类群偏爱的生境差异大，因此当水位发生变化时，它们的种群数量就会发生较大变化。2020年多样性指数和均匀度指数均为6年中最低，主要因为2020年豆雁占绝对优势（44.38%），其他水鸟占比小。2017—2018年优势种种类多，各优势种的比例差异也较其他年份小，因此这两年的均匀度和多样性指数较高。多样性和均匀度指数是反映生物群落中的物种丰富度和异质性的综合指标[33]，白沙洲多样性指数较同处鄱阳湖区的康山候鸟自然保护区[34]、恒湖垦殖场[17]和都昌候鸟自然保护区[34]都大，与鄱阳湖南矶湿地国家级自然保护区[26]相似，因此，白沙洲自然保护区对于水鸟保护具有重要价值。

5 保护建议

根据本次监测结果，为更好地保护白沙洲鸟类资源，掌握其时空动态，提出以下几点建议：①鸟类多样性监测是一个长期的过程，应继续加强保护区水鸟监测，探索水鸟长期变化规律及其与环境因子的定量关系；②保护区水位变化对不同水鸟类群时空动态具有差异性影响，因此水深与这些类群的定量关系还有待进一步量化研究；③加强珍稀水鸟如东方白鹳和白鹤等的动态监测和保护；④加强水鸟保护宣传，减少人为因素对保护区水鸟多样性的影响。

参考文献

[1] 李涛，齐增湘，王宽，等. 1990～2013 年来洞庭湖区鸟类生物多样性热点区时空动态及变动机理 [J]. 长江流域资源与环境，2017，26(11)：1902-1911.

[2] Kitazawa M, Yamaura Y, Senzaki M, et al. An evaluation of five agricultural habitat types for openland birds: abandoned farmland can have comparative values to undisturbed wetland[J]. Ornithological Science, 2019, 18(1): 3-16.

[3] Ellis M S, Kennedy P L, Edge W D, et al. Twenty-year changes in riparian bird communities of east-central Oregon[J]. The Wilson Journal of Ornithology, 2019, 131(1): 43-61.

[4] 符建荣，刘少英，孙治宇，等. 九寨沟自然保护区鸟类群落结构与多样性 [J]. 应用与环境生物学报，2009，15(2)：38-41.

[5] 吴英豪，纪伟涛. 江西鄱阳湖国家级自然保护区研究 [M]. 北京：中国林业出版社，2002.

[6] Xu Y J, Si Y L, Wang Y Y, et al. Loss of functional connectivity in migration networks induces population decline in migratory birds[J]. Ecological Applications, 2019, 29(7): e01960.1.

[7] Ji W T, Zeng N J, Wang Y B, et al. Analysis on the waterbirds community survey of Poyang Lake in winter[J]. Geographic Information Sciences, 2007, 13(1-2): 51-64.

[8] 单继红，马建章，李言阔，等. 近十年来鄱阳湖区越冬白鹤种群数量与分布 [J]. 动物学研究，2012，33(4)：355-361.

[9] Sun C, König H J, Uthes S, et al. Protection effect of overwintering water bird habitat and defining the conservation priority area in Poyang Lake wetland, China[J]. Environmental Research Letters, 2020, 15(12): 125013.8.

[10] 徐昌新, 阮禄章, 胡振鹏, 等. 鄱阳湖越冬鸟类种群动态与保护研究 [J]. 长江流域资源与环境, 2014, 23(3): 407-414.

[11] 崔鹏, 夏少霞, 刘观华, 等. 鄱阳湖越冬水鸟种群变化动态 [J]. 四川动物, 2013, 32(2): 292-296.

[12] 邵明勤, 章旭日, 易智莉, 等. 江西省鸟类多样性与区系分析 [J]. 长江流域资源与环境, 2010, 19(S1): 128-131.

[13] 植毅进, 卢萍, 戴年华, 等. 鄱阳湖滨藕塘生境中白鹤取食行为研究 [J]. 生态学报, 2019, 39(12): 4266-4272.

[14] 张聪敏, 植毅进, 卢萍, 等. 鄱阳湖藕田越冬期小天鹅和鸿雁能量支出与取食行为比较 [J]. 生态学杂志, 2019, 38(3): 785-790.

[15] Wang W J, Wang Y F, Hou J J, et al. Flooding influences waterbird abundance at Poyang Lake, China[J]. Waterbirds, 2019, 42(1): 30-38.

[16] Li Y K, Qian F W, Silbernagel J, et al. Community structure, abundance variation and population trends of waterbirds in relation to water level fluctuation in Poyang Lake[J]. Journal of Great Lakes Research, 2019, 45(5): 976-985.

[17] 何文韵, 邵明勤, 植毅进, 等. 鄱阳湖三个垦殖场的水鸟多样性 [J]. 生态学杂志, 2019, 38(9): 2765-2771.

[18] 饶斌斌, 李阳林, 胡京, 等. 江西省输电线路电线及铁塔鸟类多样性 [J]. 江西师范大学学报（自然科学版）, 2019, 43(6): 587-591.

[19] Li Y K, Zhong Y F, Shao R Q, et al. Modified hydrological regime from the Three Gorges Dam increases the risk of food shortages for wintering waterbirds in Poyang Lake[J]. Global Ecology and Conservation, 2020, 24: e01286.

[20] 刘信中, 樊三宝, 胡斌华. 江西南矶山湿地自然保护区综合科学考察 [M]. 北京: 中国林业出版社, 2006.

[21] 戴年华, 邵明勤, 蒋剑虹, 等. 江西共青城市鄱阳湖区域非繁殖期鸟类多样性初步研究 [J]. 江西师范大学学报（自然科学版）, 2014, 38(1): 19-25.

[22] Dai X, Wan R R, Yang G S, et al. Temporal Variation of Hydrological Rhythm in Poyang Lake and the Associated Water Exchange with the Changjiang River[J]. Geographical Science, 2014, 34(12): 1488-1496.

[23] 郑光美. 中国鸟类分类与分布名录 [M]. 3版. 北京: 科学出版社, 2017.

[24] 马克平，刘玉明. 生物群落多样性的测度方法 I：α 多样性的测度方法（下）[J]. 生物多样性，1994，2(4)：231-239.

[25] 张娜，李言阔，单继红，等. 鄱阳湖枯水期延长背景下越冬水鸟群落结构、丰富度及其空间分布格局 [J]. 湖泊科学，2019，31(1)：183-194.

[26] 植毅进，伊剑锋，刘威，等. 鄱阳湖南矶湿地国家级自然保护区越冬水鸟监测 [J]. 生态学杂志，2020，39(7)：2400-2407.

[27] Fan X, Zhang L. Spatiotemporal dynamics of ecological variation of waterbird habitats in Dongtan area of Chongming Island[J]. Chinese Journal of Oceanology and Limnology, 2012, 30(3): 485-496.

[28] 张鸿，刘向葵，姚毅. 东洞庭湖越冬水鸟种类组成与时空分布格局研究 [J]. 湖南林业科技，2015，42(5)：25-29.

[29] 鲍方印，王松，王梅，等. 安徽沿淮湖泊湿地水鸟资源调查 [J]. 动物学杂志，2011，46(4)：117-125.

[30] Zhang P Y, Zou Y A, Xie Y H, et al. Shifts in distribution of herbivorous geese relative to hydrological variation in East Dongting Lake wetland, China[J]. Science of the Total Environment, 2018, 636: 30-38.

[31] 何小芳，吴法清，周巧红，等. 武汉沉湖湿地水鸟群落特征及其与富营养化关系研究 [J]. 长江流域资源与环境，2015，24(9)：1499-1506.

[32] 陈锦云，周立志. 安徽沿江浅水湖泊越冬水鸟群落的集团结构 [J]. 生态学报，2011，31(18)：5323-5331.

[33] 孙儒泳. 动物生态学原理 [M]. 3 版. 北京：北京师范大学出版社，2001.

[34] 植毅进，刘威，邵明勤，等. 鄱阳湖康山和都昌水鸟多样性动态研究 [J]. 生态与农村环境学报，2020，36(9)：1149-1153.

致谢（略）

第**6**章 江西水鸟硕士论文指导

水鸟方向研究生的培养与其他室内实验方向的培养模式不同，这类研究生需要水鸟识别和野外基本技能的培养，因此，水鸟生态学属于实践性较强的学科。现结合作者多年培养研究生的实践，从野外实验技能、基础理论和论文写作三个方面总结水鸟方向学术型硕士研究生的培养过程。

6.1 实践技能的培养

水鸟方向研究生的实践技能需要达到以下几个方面的能力：掌握水鸟识别的基本过程与方法，能识别一定数量（40种）的水鸟；掌握水鸟时间分配、取食行为等生态习性数据收集的方法；掌握常用数据软件的应用和数据分析方法。掌握以上实践技能，一方面可以为水鸟野外工作奠定基础，另一方面有助于研究生提高阅读和理解文献的能力和效率。

6.1.1 专业技能

专业技能是创新能力培养的基础，首先要对研究生专业技能进行整体规划，让研究生在研一，保研学生在大四阶段就参与动物学的野外实践工作，如参与鄱阳湖南矶湿地自然保护区、余干康山候鸟自然保护区、五河水系越冬水鸟多样性调查和行为观察。经过了系统动物学野外工作的培养，研究生了解水鸟行为野外收集数据的过程和方法，熟悉野外野生动物的基本鉴定方法和过程，对动物的生态习性也相对了解，初步具备了一定的动物学野外工作经验和能力。

6.1.2 数据处理技能

数据处理是研究生进行科研工作和论文写作与阅读必不可少的技能。研究生在研一期间，可在高年级研究生和导师的指导下学习常用的数据处理软件，如 SPSS、R 语言等。学生应具备独立运用软件处理实验数据的能力，如进行相关性分析、差异性分析和主成分分析等。此外，还可以让研究生学习 3 S 技术，给学生提供更多的学习途径，培养学生更全面的数据处理技能。

6.2 专业理论知识的培养

水鸟方向研究生专业理论知识需要达到以下几个方面的能力：阅读文献，熟悉相关领域的研究方法和研究内容；梳理、综合和总结过往研究结果，分析与自己未来研究方向相关的国内外研究动态；掌握文献汇报的技能，将自己阅读的文献很好地展示给听众，能熟练回答和解释别人提出的相关问题；根据自己收集的数据，做成墙报等形式，很好地展示自己的研究成果。

6.2.1 文献阅读与汇报交流

理论知识是创新能力的源泉，理论知识的培养对研究生来说非常重要。在研一阶段，基本确立了研究生未来从事的研究方向，布置研究生阶段从事的科学研究题目，让学生查阅文献时有一定的范围。研究生每月阅读至少 15 篇与自己研究内容相关的中英文文献，每两周在实验室举办一次文献报告会，所有研究生参与，并且所有研究生对两周内所读文献进行汇报，汇报后再一起进行交流和研讨。通过文献报告会，拓宽了学生的理论知识面，学生也及时了解当下的研究进展和热点，互相取长补短，获取更多的科研知识，提升科研思维能力。

6.2.2 学术交流

参加学术会议可为研究生提供更好的学术交流平台，能很好地提高研究生的理论知识和学术视野。研究生在读期间，每位同学可以参加 1～2 次全国性的动物学大会（如全国鸟类学大会）。鼓励研究生在学术会议上通过墙报、分会报告等形式展示自己的研究成果，提高其科研的积极性。学术会议结束后，研究生与导师可以互相交流自己的收获和启发。通过多次参加大型学术会议，学生拓展科研视野，快速了解国内科研团队的顶级动物学或生态学家的科研动态和研究成果，大大地提升了研究生的理论知识。学生通过参加学术会议，能够及时了解科研动态，同时会后结合自身的研究方向及阅读的文献内容进行整理汇报，加深对相关理论的理解，为步入更高年级或今后的科研学习打下坚实的基础。

6.3 写作技能的培养

研究生在写作技能上需要达到以下几个方面的能力：熟悉文献综述、研究报告和会议摘要的撰写规范、写作重点；熟悉科技论文每个章节需要表达的重点内容和呈现顺序；熟悉科技论文的写作思路、科学用词和根据论文目标恰当地展示必要的图表。

6.3.1 综述、研究报告和会议摘要的撰写

研究生在进行了一段时间的文献阅读和汇报之后，鼓励研一学生，将自己阅读的文献，以综述的形式写出来，在导师的修改和点评后，写作能力会有一定的提升。此外，在参与学术会议的同时，鼓励学生作分会学术报告，提交论文摘要或制作墙报。通过系统写作训练，研究生能在研二甚至研一就具备较好的写作技能。

6.3.2 专业论文的写作

研究生在经过了综述、研究报告和会议摘要写作训练后，一般会具备较好的写作技能。在研一下学期或研二上学期，就能开始专业论文的全文撰写，并且在老师的修改下不断提高自己的写作水平，获得丰硕的论文成果。本校学生一般在本科期间就开始参与课题组野外调查，因此在研一下学期即可获得不少数据进行写作。经过系统写作训练的学生，在研二研三均可发表核心期刊的学术论文2～3篇，有些研究生甚至在读期间发表学术论文5～6篇。

6.4 水鸟硕士学位论文的结构和范例

6.4.1 硕士学位论文的结构

水鸟硕士学位论文与本科论文开展的主要过程类似，都包含论文选题、查阅文献、在导师的指导下设计和确定研究内容与方案、开展野外工作收集相关数据、处理数据与设计图表、撰写论文。硕士学位论文与本科论文的不同之处在于研究的工作量（包括文献阅读量、野外工作天数等）、创新性、系统性、研究的广度（时间尺度、空间尺度、研究内容）和深度等。本科论文一般要求正文（不包含参考文献）5 000字左右，正文15～25页，硕士学位论文要求正文达到20 000字左右，正文35～55页。水鸟硕士学位论文包括封面（中英文题目、作者姓名、单位、学科专业、导师姓名及职称、研究方向）、中英文摘要、关键词、目录、正文

（文献综述、研究地区和方法、结果、讨论）、参考文献、致谢、在读期间公开发表论文（著）及科研情况。

摘要：主要包含整个毕业论文采用的研究方法、研究对象、主要的研究结果、得出的研究结论。摘要一般要体现主要的研究数据，不能仅为描述性的文字。

文献综述：根据论文题目的主要研究领域，进行国内外相关领域研究动态的阐述，提出为什么开展本项研究，从而给出本文的主要研究目标。

研究地区和方法：主要阐述开展本项研究的自然环境、气候特征等，重点介绍本论文选择的具体样线、样点的环境、微生境，研究对象的分组设计、行为观察方法、数据处理方法等。

研究结果：可利用图表将论文收集的数据展示出来，并概括性的表述研究结果。

讨论：选择几个重点内容进行讨论，不需要每个内容都进行讨论，也不可以将结果在讨论中重复叙述。将自己的研究结果与其他国内外相关研究的结果进行对比分析，对比不同区域或不同物种结果的异同性，并结合鸟类生态习性及其环境因子进行解释，得出一般性结论。参考文献格式与本科论文同。

6.4.2 水鸟硕士学位论文范例

以下是水鸟研究方向硕士学位论文的目录范例（论文题目：鄱阳湖非繁殖期涉禽多样性与部分物种生态习性）。

以下是水鸟研究方向硕士学位论文中文摘要范例（论文题目：鄱阳湖非繁殖期涉禽多样性与部分物种生态习性）。

摘　要

笔者对鄱阳湖非繁殖期涉禽多样性及生态习性进行了初步研究，研究内容涉及涉禽多样性、部分物种的行为时间分配与节律、取食行为和不同尺度的栖息地选择与利用，结果如下：

涉禽多样性：鄱阳湖五个区域共记录涉禽4目9科39种114 402只，其中国家Ⅰ级重点保护鸟类5种：白鹤 *Grus leucogeranus*、白枕鹤 *Grus vipio*、白头鹤 *Grus monacha*、黑鹳 *Ciconia nigra* 和东方白鹳 *Ciconia boyciana*；国家Ⅱ级重点保护鸟类4种：灰鹤 *Grus grus*、水雉 *Hydrophasianus chirurgus*、小杓鹬 *Numenius minutus* 和白琵鹭 *Platalea leucorodia*。调查记录的物种数占鄱阳湖区涉禽总物种数的37.14%，表明调查区域涉禽资源较为丰富，对鄱阳湖水鸟多样性结构与功能的维持具有重要作用。鄱阳湖区灰鹤、反嘴鹬 *Recurvirostra avosetta*、鹤鹬 *Tringa erythropus*、白琵鹭是非常稳定的优势种。5个调查区域的优势种年际变化差异较大，反嘴鹬和鹤鹬是大部分调查区域的优势种，表明这两个物种分布广，适应能力强。此外，各调查区域的物种数和个体数变化较大，同一地区不同年份也有较大变化，说明鄱阳湖区涉禽对水位、微生境等生态因子的适应能力较弱。

行为时间分配与节律：黑水鸡 *Gallinula chloropus*、鹤鹬和林鹬 *Tringa glareola* 等小型涉禽的主要行为均为取食，除水雉取食比例为41.64%，其余小型涉禽的取食比例均达70%以上，此外休息也是水雉的主要行为（30.80%）；大型涉禽中，取食行为是灰鹤（57.86%）和白鹤（72.11%）的主要行为，东方白鹳的主要行为是取食（38.80%）和休息（47.43%）。本文结果表明，动物性食物的小型涉禽（林鹬、鹤鹬和黑水鸡）的取食比例，均远高于肉食性的东方白鹳。大型肉食性水鸟东方白鹳取食时间远少于大型植食性水鸟白鹤和灰鹤。黑水鸡的取食行为全天均保持在较高水平，其余行为均保持较低水平，无明显的节律性，这与鹤鹬、水雉等小型涉禽的行为节律截然不同。鹤鹬与水雉会混群觅食，因此水雉在鹤鹬休息时段，增加取食时间，形成错峰取食，减少竞争。白鹤与灰鹤均在上午和傍晚保持最高或较高的觅食行为，这也是其他鹤类越冬期觅食的普遍对策。两种鹤类的休息行为都在午后或中午出现高峰，一方面因为中午温度较高，另一方面，通过上午高频次的取食后，鹤类需要通过短暂的休息恢复体力。

取食行为：水雉、林鹬、鹤鹬和扇尾沙锥 Gallinago gallinago 一般只能在低等级水位更好地觅食，有较高的觅食次数，因此它们对水位的适应能力有限，对水位变化也极其敏感。大型涉禽白琵鹭、灰鹤和东方白鹳在不同栖息水深下的取食次数则无显著性差异。白鹤在Ⅲ级取食水深下的取食成功率和取食成功次数均最高，表明白鹤在藕塘生境中的最适取食水深在 21.3 cm（Ⅲ级）左右。这可能与Ⅲ级水深食物资源有关。

林鹬和鹤鹬在上午（7:00—10:59）取食频次显著高于中午（11:00—13:59），推测可能是由于其需要在上午增加取食频次，以弥补夜间的能量消耗。灰鹤、东方白鹳和白鹤在不同时段的取食参数均无显著差异，表明光线对大型涉禽取食行为无显著性影响，也说明它们一天中能量需求和摄取率比较稳定。

成年白鹤取食成功次数（χ^2=70.797，df=1，P=0.000）和取食成功率（χ^2=5.356，df=1，P=0.020）均显著高于幼鹤，这是因为成鹤取食能力较幼鹤强，并且成鹤除维持自身能量支出外，还需要花费更多的能量用于辅食和警戒行为。成幼鹤在取食次数和单次取食持续时间上无显著差异，这与多数研究认为幼鹤觅食经验不足，觅食成功率低，需要靠多次取食来补偿能量的观点不同。成鹤取食水深极显著高于幼鹤（χ^2=50.945，df=1，P=0.000），这可能与体型和取食经验有关。

栖息地选择与利用：涉禽主要偏好的生境为浅水（53.90%）和草滩（19.72%），因此浅水和草滩的鸟类相似度指数也较高（0.706）。凤头麦鸡 Vanellus vanellus 生态位最宽（0.710），生态位为 0 的涉禽均为鸻鹬类（7 种），这是因为鸻鹬类选择的生境类型相对单一，主要栖息在浅水或农田中，因此生态位较窄。

种对鹤鹬—白琵鹭生境利用的生态位重叠度高达 0.959，这是因为这两个物种均主要在浅水区觅食。鹤鹬较白琵鹭体型小，它们通常集群各自占领一片浅水区域，因此鹤鹬与白琵鹭会形成空间生态位分化，减少竞争，实现共存。大型涉禽中，东方白鹳更偏好栖息在Ⅱ级水深（8.31～16.70 cm）的水深范围，选择率达 59.38%，水深生态位宽度也较其他 3 种大型涉禽窄，为 0.585，这可能与其取食方式有关。

白鹤、灰鹤和东方白鹳栖息地的主要生境类型均为水域，在不同半径尺度上的占比均达到 67% 以上，其中东方白鹳的水域生境占比最高达 99.54%，最低也达 81.55%。灰鹤和白鹤在不同半径尺度下的农田比例相对较高，这是由于其除了在自然生境中取食冬芽，也偏爱在人工生境的农田中取食谷物。白鹤、白枕鹤、灰鹤和东方白鹳第 1 主成分均与安全因子和食物因子有关，说明它们非常关注食物资源和取食环境的安全性。因此，涉禽栖息地的保护，一方面要减少涉禽觅食栖息地的人为干扰，确保它们在安全的环境下觅食；另一方面，保证一定的水域面积（东方白鹳的食物保障），同时在稻谷收割期，保留部分谷物，补充植食性涉禽的食物资源，确保其有充足的食物过冬。

6.5 硕士研究生在读期间发表论文

硕士研究生在读期间积极整理和发表研究成果，一方面可以提高研究生科研的成就感与积极性，另一方面研究生可以及时掌握自身科研的不足之处，以便进行后续的补充调查研究，为硕士学位论文的撰写奠定基础。以下是 2019—2020 年江西水鸟研究方向硕士研究生在读期间发表的专业论文（示例）。

【示例】

（1）植毅进，刘威，邵明勤，等. 鄱阳湖康山和都昌水鸟多样性动态研究 [J]. 生态与农村环境学报，2020，36(9): 1149–1153.

（2）Zhi Y J, Shao M Q. Habitat selection of scaly-sided merganser under multiple area scales in water systems of Poyang Lake, China[J]. Pakistan Journal of Zoology, 2020, 52(4):1355-1362.

（3）龚浩林，邵明勤，卢萍，等. 鄱阳湖稻田生境中越冬灰鹤行为模式及其影响因素 [J]. 生态学杂志，2020，39(2): 559–566.

（4）植毅进，伊剑锋，刘威，等. 鄱阳湖南矶湿地国家级自然保护区越冬水鸟监测 [J]. 生态学杂志，2020，39(7): 2400-2407.

（5）He W Y, Zhi Y J, Shao M Q. Sex ratio, habitat selection and feeding behavior of Mandarin duck in water systems of Poyang Lake, China[J]. Pakistan Journal of Zoology, 2020, (52)6: 2251-2256.

（6）张聪敏，植毅进，卢萍，等. 鄱阳湖藕田越冬期小天鹅和鸿雁能量支出与取食行为比较 [J]. 生态学杂志，2019，38(3)：785-790.

（7）Zhi Y J, Shao M Q, Cui P, et al. Time budget and activity rhythm of the Mandarin Duck *Aix galericulata* in the Poyang Lake watershed[J]. Pakistan Journal of Zoology, 2019, 51(2): 725-730.

（8）植毅进，卢萍，戴年华，等. 鄱阳湖滨藕塘生境中白鹤取食行为研究 [J], 生态学报，2019，39(12): 4266-4272.

（9）何文韵，邵明勤，植毅进，等. 鄱阳湖三个垦殖场的水鸟多样性 [J]. 生态学杂志，2019，38(9)：2765-2771.

第 7 章

江西水鸟科研选题

　　水鸟的非繁殖期主要包括越冬期和迁徙期。江西水鸟越冬期一般为每年的 9 月底至翌年的 3 月底，不同水鸟越冬期稍有差异，如豆雁、鹤鹬、苍鹭、灰鹤等一般较早迁至鄱阳湖，东方白鹳、白鹤等一般稍晚迁至鄱阳湖区。春季反嘴鹬一般迁离鄱阳湖区较晚，有时 4 月中下旬甚至 5 月都能发现大群反嘴鹬。鹤类一般 3 月初即迁离鄱阳湖，可能与其体型大，抚育后代时间较长，需较早至繁殖地繁衍后代有关。有时 4 月底甚至 5 月初也会发现个别白鹤群体，这些群体大都以幼鸟为主体，推测它们需要更多的时间补充能量，为北迁做充分的准备。部分冬候鸟，如东方白鹳，甚至留在鄱阳湖周边繁殖。迁徙期一般为每年的 3—5 月和 7—9 月，一些过路鸟北迁（3—5 月）或南迁（7—9 月）路过江西，如林鹬、金鸻等水鸟在迁徙期大量种群经过江西，江西的农田生境特别是鄱阳湖周边的农田为这些过路鸟提供了非常重要的食物资源。有关非繁殖期鸟类的研究内容很多，主要包括多样性、行为时间分配与节律、栖息地选择、取食行为、集群特征、生态位分化等。

7.1 多样性

　　大部分水鸟一般在视野开阔的水域觅食，观察比较方便，也适合鸟类初学者识别。水鸟多样性的调查一般耗时少，取得的数据却很多，一般一个保护区分 2～3 组工作人员在 2～3 天内就可以完成一次水鸟多样性的全面调查。水鸟多样性的调查一方面可以锻炼学生识别水鸟，提升学生的基本鸟类学专业素养，另一方面长期、有计划的水鸟多样性监测还能积累大量的基础数据。水鸟多样性一般一个季节调查 4～5 次，即 20～25 天左右调查 1 次，就可以取得较好的数据。条件允许的情况下，迁徙期可以 10～15 天调查一次，因为迁徙期过路鸟种类和数量变化大，导致当地水鸟群落极不稳定。水鸟多样性的研究内容主要包括水鸟多样性短期基础数据的报道、水鸟多样性时空动态、不同生境水鸟多样性的差异、水位等生态因子对水鸟的影响。水鸟多样性选题通常如下：①水鸟多样性的季节动态；②水鸟多样性的年际动态；③某一水鸟类群的空间动态；④不同生境的水鸟多样性变化；⑤水位等环境因子对水鸟的影响。具体可参考以下的论文：

钟福生，颜亨梅，李丽平，等. 东洞庭湖湿地鸟类群落结构及其多样性 [J]. 生态学杂志，2007，26(12)：1959–1968.

植毅进，伊剑锋，刘威，等. 鄱阳湖南矶湿地国家级自然保护区越冬水鸟监测 [J]. 生态学杂志，2020，39(7)：2400–2407.

邵明勤，陈斌，蒋剑虹. 鄱阳湖越冬雁鸭类的种群动态与时空分布 [J]. 四川动物，2016，35(3)：460–465.

何文韵，邵明勤，植毅进，等. 鄱阳湖三个垦殖场的水鸟多样性 [J]. 生态学杂志，2019，38(9)：2765–2771.

7.2 行为时间分配与节律

选择易于观察或一些濒危水鸟的种群进行时间分配和行为节律的观察。可以使用瞬时扫描法和焦点动物法来进行水鸟行为数据的收集。本科生、研究生能在较短时间（2～3周）内掌握水鸟行为数据收集的基本方法。水鸟行为时间分配与节律的研究内容主要包括水鸟时间分配与节律的基础数据报道、不同因子（年龄、生境、水位、体型大小、时间）对水鸟时间分配和行为节律的影响。水鸟时间分配与节律的选题如下：①水鸟时间分配与行为节律；②年龄对水鸟行为的影响；③生境对水鸟行为的影响；④性别对水鸟行为的影响；⑤不同食性对水鸟行为的影响（注：可比较形态特征、体型大小类似的涉禽或游禽，一般不将游禽与涉禽这两类没有太大可比性的物种进行对比）；⑥体型大小对游禽行为的影响（可选择体型具有一定梯度、食性类似的雁形目鸟类中的鸿雁、豆雁、小天鹅、灰雁进行对比；也可选择斑嘴鸭、绿翅鸭、赤麻鸭；或红头潜鸭、凤头潜鸭等各种潜鸭）；⑦体型大小对涉禽行为的影响（如大白鹭、苍鹭、白鹭、中白鹭的行为对比；东方白鹳和黑鹳的行为对比）。具体可参考以下论文：

邵明勤，龚浩林，戴年华，等. 鄱阳湖围垦区藕塘越冬白鹤的时间分配与行为节律 [J]. 生态学报，2018，38(14)：5206–5212.

张国钢，梁伟，楚国忠. 海南3种鹭越冬行为的比较 [J]. 动物学杂志，2007，42(6)：125–130.

Shao M Q, Guo H, Cui P, et al. Preliminary Study on Time Budget and Foraging Strategy of Wintering Oriental White Stork at Poyang Lake, Jiangxi Province, China[J]. Pakistan Journal of Zoology, 2015, 47(1): 71–78.

邵明勤，张聪敏，戴年华，等. 越冬小天鹅在鄱阳湖围垦区藕塘生境的时间分配与行为节律 [J]. 生态学杂志，2018，37(3)：817–822.

郭宏，邵明勤，胡斌华，等. 鄱阳湖南矶湿地国家级自然保护区 2 种大雁的越冬行为特征及生态位分化 [J]. 生态与农村环境学报，2016，32(1)：90–95.

邵明勤，郭宏，胡斌华，等. 鄱阳湖南矶湿地国家级自然保护区 3 种涉禽行为比较 [J]. 湿地科学，2016，14(4)：458–463.

7.3 栖息地选择

栖息地选择可以在不同尺度下进行，关注度高的水鸟的栖息地选择的报道相对较多。水鸟栖息地选择的研究内容主要包括栖息地选择的主要因子（水因子、安全因子、食物因子等）的判别、大尺度下水鸟的栖息地选择等。栖息地选择的选题如下：①东方白鹳栖息地选择；②不同尺度下中华秋沙鸭栖息地选择等。具体可参考以下论文：

邵明勤，蒋剑虹，戴年华. 鄱阳湖非繁殖期水鸟的微生境利用及对水位的响应 [J]. 生态学杂志，2016，35(10)：2759–2767.

Zhi Y J, Shao M Q. Habitat Selection of Scaly-sided Merganser under Multiple Area Scales in Water Systems of Poyang Lake, China[J]. Pakistan Journal of Zoology, 2020, 52(4): 1355–1062.

7.4 取食行为

取食行为的研究内容主要包括取食次数、取食成功次数、取食成功率、步行率、取食水深、食物种类、食物大小和食物处理时间等。水鸟取食行为的选题如下：①灰鹤的取食行为；②水深、生境等对白鹤取食行为的影响；③中华秋沙鸭的潜水行为。具体可参考以下论文：

植毅进，卢萍，戴年华，等. 鄱阳湖滨藕塘生境中白鹤取食行为研究 [J]. 生态学报，2019，39(12)：4266–4272.

张聪敏，植毅进，卢萍，等. 鄱阳湖藕田越冬期小天鹅和鸿雁能量支出与取食行为比较 [J]. 生态学杂志，2019，38(3)：785–790.

蒋剑虹，戴年华，邵明勤，等. 鄱阳湖区稻田生境中灰鹤越冬行为的时间分配与觅食行为 [J]. 生态学报，2015，35(2)：270–279.

Shao M Q, Guo H, Cui P, et al. Preliminary Study on Time Budget and Foraging Strategy of Wintering Oriental White Stork at Poyang Lake, Jiangxi

Province, China[J]. Pakistan Journal of Zoology, 2015, 47(1): 71–78.

Shao M Q, Chen B. Effect of sex, temperature, time and flock size on the diving behavior of the wintering Scaly-sided Merganser (*Mergus squamatus*) [J]. Avian research, 2017, 8(1): 50–56.

Shao M Q, Shi W J, Zeng B B, et al. Diving behavior of Scaly-sided Merganser *Mergus squamatus* in Poyang Lake watershed, China[J]. Pakistan Journal of Zoology, 2014, 46 (1): 284–287.

7.5 集群特征

可针对一些重点关注的濒危水鸟的集群特征进行研究，研究内容主要包括集群大小、集群中的成幼比例、家庭群大小与组成等。集群特征的选题如下：①鹤类集群特征的时空动态；②中华秋沙鸭的集群特征。具体可参考以下论文：

邵明勤，蒋剑虹，戴年华，等. 鄱阳湖 4 种鹤类集群特征与成幼组成的时空变化 [J]. 生态学报，2017，37(6)：1777–1785.

邵明勤，曾宾宾，尚小龙，等. 江西鄱阳湖流域中华秋沙鸭越冬期间的集群特征 [J]. 生态学报，2012，32(10)：3170–3176.

7.6 生态位分化

一般选择同一个属，体型和食性类似的水鸟进行生态位的研究。研究内容主要包括时间生态位、空间生态位、营养生态位。其中，时间生态位包括迁徙时间、一天中的不同时段、越冬前中后期等的生态位。空间生态位可以包括大的生境（农田、池塘等）利用，也可以指混群水鸟各自占有的微生境，或各自占用的水深等。水鸟生态位的选题如下：①小型鸻鹬类的微生境利用（注：可选择当地一些优势的鸻鹬类进行重点研究）；②小型鸻鹬类的时间生态位；③小型鸭科鸟类的微生境利用；④大型鸭科鸟类的微生境利用；⑤鹤类微生境利用等。

具体可参考以下论文：

Zhi Y J, Shao M Q, Li Q J. Wading bird habitat, water depth utilization and niche separation in Poyang Lake, China[J]. Pakistan Journal of Zoology, 2020, 52(6): 2243-2250.

Novcic I. Niche dynamics of shorebirds in Delaware Bay: Foraging behavior, habitat choice and migration timing[J]. Acta Oecologica, 2016, 75:68-76.

Kober K, Bairlein F. Habitat choice and niche characteristics under poor food conditions. A study on migratory nearctic shorebirds in the intertidal flats of Brazil[J]. Ardea, 2009, 97(1): 31-42.

第8章

江西水鸟研学与科普

为了更好地保护鸟类，我们需要对鸟类的识别、生态习性有一定的了解。只有公众有了识鸟、爱鸟、护鸟的意识才能更好地为鸟类提供良好的栖息和取食环境。目前鸟类爱好者的队伍越来越壮大，公民的爱鸟意识也有较大的提高。每个省份都有爱鸟周宣传活动，还评选出各省的省鸟，如江西的省鸟是国家Ⅰ级重点保护鸟类白鹤。各省份还成立不同层次的爱鸟协会，如省爱鸟协会、大学爱鸟协会、中小学爱鸟协会等。通过举行各类研学活动和不同形式的科普宣传活动，可以提高公民对自然的兴趣，增加鸟类学知识，引导人们主动爱鸟、护鸟，为鸟类多样性的保护作出积极的贡献。

8.1 研学与科普的对象

研学的对象大部分是中小学生。低年级的小学生可由家长陪同，一般低年级的小学生每批不超过 15 人，高年级的中小学生不超过 20 人。每组邀请一位鸟类学研究工作者或鸟类爱好者带队。科普的对象则更加的多样，可以是中小学生，也可以是保护区周边的居民等。

8.2 研学与科普的主要形式

8.2.1 保护区及高校的标本馆参观

动物标本馆一般会展示较多的水鸟生态标本，是人们初步认识水鸟的理想场所。通过各种生态类群水鸟的喙形、蹼形、腿长、体型、颜色等的观察，对水鸟的主要类群有个初步的了解，如鸻鹬类腿长、喙长、脖子长，雁鸭类具有扁平的喙和发达的蹼等特征。

8.2.2 鸟类观察

鄱阳湖区是观察水鸟的理想场所，因为鄱阳湖区冬季水鸟种类多，数量大，个体较大的水鸟也多，离鸟类观察者的距离相对也较近。通过实地观察 1 ~ 2 次，即能很容易认识特征明显、个体较大的水鸟，如小天鹅、东方白鹳、白鹤等。实地观察水鸟除观察它们的形态特征外，还能观察它们偏爱的栖息或取食环境、行为特征等，因此实地观察更容易记住这些水鸟。观察后要利用鸟类图片或图鉴进行对比，加深对鸟类形态特征的印象，更利于提高鸟类识别能力和观察鸟类的兴趣。

8.2.3 鸟类拍摄与绘图

利用单筒望远镜可以清楚地看到鄱阳湖区大部分水鸟。有条件的情况下，可以带上单反相机，配备长镜头，将看到的近距离水鸟拍摄下来，以便室内绘制图片或复习鸟类物种。鸟类拍摄及绘图一方面加强鸟类物种的识记能力，另一方面也可提高鸟类观察的成就感和积极性。

8.2.4 科普讲座

专家、观鸟爱好者对当地环境和水鸟资源熟悉，可以为中小学生作关于鄱阳湖区水鸟形态特征、常见的水鸟资源及水鸟多样性保护的方法和意义的讲座，使得学生从小就有识鸟、爱鸟和护鸟的意识，树立爱护鸟类，从我做起的环保意识。鸟类专家、观鸟爱好者也可以到社区、高校、科研院所开展有关爱鸟方面的科普讲座。

8.2.5 宣传牌展示

鸟类保护，人人有责。特别是濒危动物分布区的当地居民及游客，更需要对他们进行鸟类保护知识的宣传。如中华秋沙鸭为濒危物种，分布在五河水系，分布相对分散，但分布点相对固定。我们可以在分布相对稳定的区域树立中华秋沙鸭的濒危程度、数量分布、保护意义等知识的宣传牌，对当地居民进行广泛宣传，让他们了解保护这些水鸟的意义。

8.3 研学点的介绍和重点目标水鸟

8.3.1 江西鄱阳湖国家级自然保护区

该保护区的吴城镇分布有大湖池、常湖池、朱市湖、中湖池等湖泊，这些湖泊水鸟分布集中，数量大、种类多，水鸟离观察者较近，是观鸟较好的湖区。这些湖区周边交通发达，易于到达。特别是大湖池、常湖池都设有较好的观鸟台和观鸟设备。大湖池水鸟一般相对较远，数量较多或遇见率较高的有鸿雁、豆雁、白额雁、白鹤、苍鹭等。常湖池通常水鸟更为集中，水鸟离人的距离相对较近，利用单筒望远镜可以很好地观察。常湖池常见水鸟有白鹤、白琵鹭、鸿雁、小天鹅、东方白鹳、反嘴鹬、鹤鹬等。其中身体全白的主要有白鹤、小天鹅和白琵鹭，腿和喙较长的为白鹤和白琵鹭两种涉禽，白鹤是啄取或探取食物，白琵鹭是用喙连续扫取食物，边扫边走。

8.3.2 江西鄱阳湖南矶湿地国家级自然保护区

该保护区位于南昌市新建区。其中战备湖、常湖、白沙湖、三泥湾、北深湖等的交通比较发达，通达性很好。多个湖泊岸边建立了好的观鸟台。战备湖各种鸭科鸟类较多，常见的鸟类有斑嘴鸭、绿翅鸭、红头潜鸭、豆雁、凤头䴙䴘、小䴙䴘、白骨顶等，水浅时会分布一些灰鹤等。常湖常见的水鸟有小天鹅、东方白鹳、红嘴鸥、白骨顶、凤头䴙䴘、豆雁、苍鹭等。白沙湖常见水鸟有小天鹅、东方白鹳、红嘴鸥、绿翅鸭、鸿雁、豆雁、白骨顶、白琵鹭、苍鹭等。三泥湾常见水鸟有白骨顶、反嘴鹬、豆雁、斑嘴鸭、红嘴鸥等。北深湖常见水鸟有鸿雁、东方白鹳、白鹤、鹤鹬等。

8.3.3 江西都昌候鸟省级自然保护区

该保护区位于九江市都昌县境内，鸟类资源也比较丰富。靠近都昌县城附近的滨湖中小天鹅、赤麻鸭、豆雁较多。也可以坐船前往黄金嘴、大面池、朱袍山、三山等湖泊观察，在前往大面池、朱袍山等湖区的过程中，可以看到两侧草洲和水边有大量的赤麻鸭，小天鹅。黄金嘴、大面池、朱袍山等湖泊的鸿雁、豆雁、小天鹅特别集中，有时一个点就可以发现 5 000~10 000 只大雁的混群，有时以鸿雁为主，有时以豆雁或白额雁为主。常见的其他水鸟还有白鹤、灰鹤、东方白鹳等，灰鹤的种群数量较多，每群从几只至数百只不等。每次监测都可以发现普通秋沙鸭，一般在20 只左右。

8.3.4 五星白鹤保护小区

该保护小区位于南昌市高新区境内，湖区及其周边大面积农田、数百亩藕田为各种鹤类、鸻鹬类和雁鸭类等提供很好的越冬地和停歇地。湖区小天鹅、豆雁、鸿雁、反嘴鹬、鹤鹬、普通鸬鹚成片，数量可观，灰鹤和白鹤也较常见。稻田收割后，大群灰鹤集大群迁至稻田中觅食，灰鹤在稻田中的停留时间较长，达数月之久，分布点相对固定。有时稻田中也常见数千只鸿雁、豆雁的集群觅食，但雁鸭类在稻田中的停留时间相对较短，一般 20 天左右，可能与其大量集群，由此带来的大量食物消耗有关，食物消耗到一定程度，这些雁类又回到自然生境的湖区。稻田秧苗种植初期，秧苗高度低，视野相对开阔，此时还能吸引大量的鸻鹬类来此觅食，常见的鸻鹬类有金鸻、林鹬、鹤鹬等，还有少量的扇尾沙锥、流苏鹬等。湖区周边的藕塘中有大量的白鹤集群觅食，藕塘还为灰雁、小天鹅、鹤鹬、绿翅鸭、琵嘴鸭等提供好的觅食地。藕塘夏季还为水雉提供良好的繁殖生境，每年夏季有一定数量的水雉在此繁衍后代。

8.3.5 康山垦殖场

位于余干县康山乡，湖区周边分布有大面积农田、养殖塘，与五星垦殖场的环境类似。湖区分布有大量的小天鹅、苍鹭、普通鸬鹚、反嘴鹬等，此外白鹤、灰鹤的遇见率也较高。湖区周边稻田中水鸟种类与五星垦殖场类似，春季为金鸻、林鹬、鹤鹬等涉禽提供良好的临时觅食地，冬季为鹤类提供栖息场所。2020年冬季康山乡的插旗洲为白鹤保留部分未收割的水稻田，成功吸引了大量的白鹤、灰鹤，还有部分的白头鹤和白枕鹤，白鹤种群数量达到数百至近2 000只，数量相当可观，停留时间较长。以往在插旗洲农田生境中也发现过白鹤、灰鹤等鹤类觅食，但种群数量相对较少，一般在数十只至300只左右，停留时间也较短，说明当时缺乏统一管理，其食物来源不稳定，人为活动也缺乏统一管理。

上述研学点具体的鸟类资源及其动态可以参考下列文献：

植毅进，伊剑锋，刘威，等. 鄱阳湖南矶湿地国家级自然保护区越冬水鸟监测 [J]. 生态学杂志，2020，39(7)：2400-2407.

植毅进，刘威，邵明勤，等. 鄱阳湖康山和都昌水鸟多样性动态研究 [J]. 生态与农村环境学报，2020，36(9)：1149-1153.

何文韵，邵明勤，植毅进，等. 鄱阳湖三个垦殖场的水鸟多样性 [J]. 生态学杂志，2019(9)：2765-2771.

第 **9** 章 论文写作注意事项——以"水鸟多样性"为例

有一定的水鸟识别基础后，就可以参与或独立开展水鸟多样性的调查。开展水鸟多样性调查前，可以先查阅文献了解当地或附近水鸟资源现状，同时查看图鉴，提升水鸟识别的技能。然后做好实地预调查，确定好样线或样点。之后按照水鸟数量调查方法开展水鸟调查，每月一般调查1～2次，经过一个季节或一年水鸟多样性数据的收集，就可以整理和处理数据，准备撰写水鸟多样性的学术论文。要想写成一篇可以发表的学术论文，必须根据研究目标进行一定的科研设计，以便获取更有价值的科研资料，而不是仅获得一个鸟类名录。下面以"水鸟多样性"学术论文写作为例，介绍学术论文写作的一般思路。

9.1 题目

论文题目要言简意赅，体现研究地区、研究对象（水鸟）和内容等信息，不宜字数太多。

9.2 摘要和关键词

摘要包含研究目的、方法、内容、主要的结果和结论。注意结果中一定要含有一定的数值，而不仅仅是描述。摘要中首次出现的物种需要有对应的学名（拉丁名），要注意学名的书写规范（大小写和斜体等格式）。摘要的一般写作思路是：先介绍目的、方法和对象，然后概括合计发现多少种，重点保护水鸟有哪些。接着介绍优势种、多样性参数。整个摘要至少要得出 2～4 个结论，而不仅仅罗列研究结果。关键词一般 4～5 个，关键词应具有科学性、规范性，能代表本文的关键词语。通过关键词，让其他科研人员易于检索。关键词可以是地区如鄱阳湖，也可以是研究对象，如白鹤，灰鹤等，也可以是特定的内容如多样性等。关键词尽量不与题目的核心词汇重复。

9.3 引言

　　一段或两段，将研究背景和文章研究的问题说清楚。主要介绍水鸟多样性的研究动态及意义。开头可以在大尺度上对水鸟多样性进行总体概括，最后重点详细聚焦到本省或邻近省份湿地水鸟的研究动态、主要结果或不足，如不同地区主要优势种的异同，或哪些因素对水鸟多样性的影响等的概括。省内或邻近省份水鸟多样性的文献在引言中列出，利于讨论时将这些文献的结果与本文结果进行讨论，得出一般结论，做到引言和讨论的前后呼应。引言最后需要明确提出本文的研究目的和意义 2 ~ 3 点。

9.4 研究地区与方法

　　描述研究区域所属地理位置、气候条件，常见的动植物等信息。重点需要描述清楚本次论文中选择样线或样点的数量，每条样线或样点的具体生境类型，选择这些样线或样点的理由，各类样线或样点中生境的植被状况、层次性等信息，这样利于在“讨论”部分阐述不同样线或样点之间水鸟的差异及原因。

　　鸟类多样性的调查方法描述需详细，同一篇论文不同生境要使用同样的水鸟调查方法，如都选择样点法，或都选择样线法，或都选择样点与样线相结合，这样可比性更强。写明调查强度（每条样线调查几次或调查频次），每次调查的具体时间、样线的长度等信息。调查时间可以是一个季节，也可以是几个季节或一年。每个季节一般调查 3 ~ 4 次，迁徙季节鸟类变化大，建议 15 天左右调查一次更能反映鸟类的迁徙时序。有些水鸟监测，每年按固定的时间调查一次，经过长期的监测数据，也能反映一定的问题。数据处理方法需要针对自身论文的结果和研究目的进行设计。

9.5 结果

　　简明扼要地描述论文的主要结果。通常包含鸟类组成、优势种、多样性参数这些内容。其中，鸟类组成一般以名录及数量用表格和文字的形式展示，每种鸟类要有一个数量才能给人直观的感觉。作者不能仅列出一个鸟类名录、居留型、分布型等信息，没有每个物种的具体数量。这样会大大降低论文的科学价值和发表价值。鸟类居留型和分布型的比例一般用图展示更为直观。优势种一般指个体数超过记录个体总数 10% 的物种，可以用表格列出不同生境的优势种，这样更直观展示不同生境优势种的异同，例如示例表 9–1。多样性参数分生境计算，一般包含物种数、个体数、多样性指数、均匀度指数、优势度指数等。多样性参数通常用表格的形式展示，例如示例表 9–2。

【示例】

表 9-1 2017—2019 年康山和都昌的水鸟优势种及其比例（%）

优势种	康山湖区候鸟自然保护区			都昌候鸟自然保护区		
	2017	2018	2019	2017	2018	2019
普通鸬鹚			13.18			
小天鹅	10.78	15.44	23.50			
鸿雁		11.45		51.12	33.53	
豆雁				11.72	31.65	63.59
白额雁				12.66		
灰雁	12.36					
灰鹤	10.13	10.90				
鹤鹬	17.03					
反嘴鹬			16.65			
红嘴鸥	12.75	25.86				

表 9-2 2017—2019 年康山和都昌水鸟多样性参数

多样性参数	康山湖区候鸟自然保护区			都昌候鸟自然保护区		
	2017	2018	2019	2017	2018	2019
物种数	27	27	27	35	30	31
个体数	12 584	13 041	12 449	34 964	46 492	40 171
多样性指数 H'	3.640	3.251	3.327	2.533	2.820	2.163
均匀度指数 J'	0.766	0.684	0.699	0.494	0.575	0.437
优势度指数 C	0.100	0.138	0.130	0.300	0.226	0.423

9.6 讨论

讨论的目的是分析本文结果与周边地区或周边省份水鸟的异同及其原

因，以便得出一般性的结论。讨论顺序可以与结果顺序类似，按照物种数、国家重点保护水鸟资源、优势种、多样性参数等，不需要每一点都要讨论，要有所侧重，重点讨论那些可以得出普遍规律的问题或本文发现的一些重要的规律。讨论的一般思路和步骤：①确定好需要讨论的内容，如选择物种组成、优势种、多样性参数三个方面；②将本文结果与省内和邻近省份其他水鸟的研究结果作对比，找出共同点和区别，解释产生差异的原因，得出一般结论；之后将本文不同生境的水鸟进行对比，得出一般结论。在分析不同区域优势水鸟和水鸟多样性参数的差异时，一定要抓住主要物种生态习性特别是生境偏好和栖息地特征两方面去分析。

【示例 1】与省内和邻近省份水鸟优势种的比较

鄱阳湖区、安徽沿江湖泊、洞庭湖的水鸟优势种有一定的相似性，主要包括雁鸭类（鸿雁、豆雁、白额雁、小天鹅、罗纹鸭、灰雁、绿翅鸭）、鹬科鸟类（黑腹滨鹬）、白骨顶和白琵鹭（钟福生等，2007；陈锦云等，2011；何文韵等，2019）。这是因为鄱阳湖区与周边省份的湖区气候条件相似，湖泊也基本都以浅水、草洲、泥滩及周边人工生境为主。本次监测的 9 种优势种也以雁鸭类和鹬科鸟类为主，其中有 6 种优势种与上述地区的优势种相同。上述地区不存在的优势种是反嘴鹬、鹤鹬、苍鹭，这些涉禽在其他地区也是常见种，只是有时其他地区的雁鸭类数量过高，使得这些涉禽没有成为优势种（何文韵等，2019）。

【示例 2】本文两个地区的对比

康山和都昌均属于鄱阳湖保护区，但在种类及数量上的差异推测与两个保护区的微生境有关。康山连续的草洲和浅水交替出现，可为小天鹅、东方白鹳提供合适的休息和觅食场所；湖区周边分布有很多稻田，稻田收割后散落一些谷物，为灰鹤、白鹤等物种提供很好的食物资源。都昌的浅水区和连续的草洲为白琵鹭、小天鹅、鸿雁、豆雁、赤麻鸭 *Tadorna ferruginea* 和白额雁提供了栖息和觅食场所。因此，康山和都昌对主要水鸟多样性的维持和保护作用也不同，加强康山和都昌湿地的保护和管理对在此越冬的水鸟具有重要作用。

9.7 参考文献

不同期刊对参考文献的格式要求不同。写作或投稿前，要阅读所投期刊的投稿须知和样文，了解该刊的参考文献著录规则。以下为《生态学杂志》的参考文献格式示例。

【示例】

邵明勤，蒋剑虹，戴年华. 2016. 鄱阳湖非繁殖期水鸟的微生境利用及对水位的响应. 生态学杂志，35(10): 2759−2767. [Shao MQ, Jiang JH, Dai NH. 2015. Micro-habitat use of water birds in Poyang Lake and its response to water level during non-breeding period. *Chinese Journal of Ecology*, 35(10): 2759-2767.]

邵明勤，石文娟，蒋剑虹，等. 2015. 江西南昌市迁徙期和越冬期湖泊鸟类多样性. 生态与农村环境学报，31(3): 326–333. [Shao MQ, Shi WJ, Jiang JH, *et al.* 2015. Diversity of Birds in Five Lakes of Nanchang During Migration and Wintering Periods. *Journal of Ecology and Rural Environment*, 31(3): 326–333.]

主要参考文献

崔鹏，邓文洪. 鸟类群落研究进展 [J]. 动物学杂志，2007，42(4)：149-158.

崔鹏，徐海根，丁晖，等. 我国鸟类监测的现状、问题与对策 [J]. 生态与农村环境学报，2013，29(3)：403-408.

邓利. 动物学野外实习指导 [M]. 广州：华南理工大学出版社，2011.

高志瑾. 中国迁地保护鸟类多样性调查及分析 [D]. 哈尔滨：东北林业大学，2013.

何文韵，邵明勤，植毅进，等. 鄱阳湖三个垦殖场的水鸟多样性 [J]. 生态学杂志，2019，38(9)：2765-2771.

刘阳，陈水华. 中国鸟类观察手册 [M]. 长沙：湖南科学技术出版社，2021.

马敬能，菲利普斯，何芬奇. 中国鸟类野外手册 [M]. 长沙：湖南教育出版社，2000.

聂延秋. 中国鸟类识别手册 [M]. 北京：中国林业出版社，2019.

邵明勤，植毅进. 江西水鸟多样性与越冬水鸟生态研究 [M]. 北京：科学出版社，2019.

石文娟，邵明勤，曾宾宾，等. 鄱阳湖非繁殖期陆生鸟类多样性初步研究 [J]. 四川动物，2013，32(6)：938-943.

舒特生，邵明勤，曾宾宾，等. 九岭山国家级自然保护区鸟类资源的研究 [J]. 安徽农业科学，2012，40(4)：2060-2061.

余定坤，徐志文，刘威，等. 江西鄱阳湖国家级自然保护区子湖泊越冬水鸟多样性及变化趋势 [J]. 生态与农村环境学报，2020，36(11)：1403-1409.

曾南京，俞长好，刘观华，等. 江西省鸟类种类统计与多样性分析 [J]. 湿地科学与管理，2018，14(2)：50-60.

赵正阶. 中国鸟类志 [M]. 长春：吉林科学技术出版社，2001.

郑光美. 中国鸟类分类与分布名录 [M]. 3 版. 北京：科学出版社，2017.

植毅进，刘威，邵明勤，等. 鄱阳湖康山和都昌水鸟多样性动态研究 [J]. 生态与农村环境学报，2020，36(9)：1149-1153.

植毅进，伊剑锋，刘威，等. 鄱阳湖南矶湿地国家级自然保护区越冬水鸟监测 [J]. 生态学杂志，2020，39(7)：2400-2407.

Ma Z J, Cai Y T, Li B, et al. Managing Wetland Habitats for Waterbirds: An International Perspective[J]. Wetlands, 2010, 30(1): 15-27.

Maria P D, Jose P G, Jorge M P. Searching behaviour of foraging waders: does feeding success influence their walking? [J]. Animal Behaviour, 2009, 77:

1203–1209.

Santos C D, Miranda A C, Granadeiro J P, et al. Effects of artificial illumination on the nocturnal foraging of waders[J]. Acta Oecologica, 2010, 36: 166–172.

主要参考文献